可控温核聚变光核反应复合燃烧
理论与实践

丁恩振　刘安钢　翁　坚　郭俊泽　著

U0324205

中国矿业大学出版社
· 徐州 ·

内 容 提 要

本书主要介绍温核聚变光核反应理论构建、温核聚变与光核反应等离子体复合燃烧炬工程级实验与实践、温核聚变光核反应等离子体复合燃烧炬实验室初步判定等内容。作者通过实验与实践均证明,化石燃料在特定等离子体场中复合燃烧,会出现"超出燃料热值"的现象。本书研发的设备及工艺为世界化石燃料使用年限大幅延长,真正做到"节能减排",助推"双碳"政策的实施,提前核能和平民用,具有划时代的意义。

图书在版编目(C I P)数据

可控温核聚变光核反应复合燃烧理论与实践/丁恩振等著. —徐州:中国矿业大学出版社,2022.6

ISBN 978 - 7 - 5646 - 5429 - 0

Ⅰ. ①可… Ⅱ. ①丁… Ⅲ. ①热核聚变—光核反应—复合燃烧 Ⅳ. ①TL64

中国版本图书馆 CIP 数据核字(2022)第098775号

书 名	可控温核聚变光核反应复合燃烧理论与实践	
著 者	丁恩振 刘安钢 翁 坚 郭俊泽	
责任编辑	于世连	
出版发行	中国矿业大学出版社有限责任公司	
	(江苏省徐州市解放南路 邮编 221008)	
营销热线	(0516)83884103 83885105	
出版服务	(0516)83995789 83884920	
网 址	http://www.cumtp.com E-mail:cumtpvip@cumtp.com	
印 刷	徐州中矿大印发科技有限公司	
开 本	787 mm×1092 mm 1/16 印张 8 字数 157 千字	
版次印次	2022 年 6 月第 1 版 2022 年 6 月第 1 次印刷	
定 价	60.00 元	

(图书出现印装质量问题,本社负责调换)

前　言

在化石燃料燃烧过程中,如果能将燃料中的微量氘与氚,通过电磁场技术,使之激发产生聚变反应,实现常规化石燃料的"超热值燃烧",那么可使核聚变迅速成为能够直接现阶段使用的平民化技术,大幅度延长化石燃料的使用年限。在特殊电磁场下,等离子体弧激发空气组分引发光核反应,可以实现"真正意义"上的"节能减排"。

可控温核聚变技术是指在"比较温和的千度级温度"条件下,采用电磁场技术,赋予氘原子核、氚原子核能量,使之完成可以方便控制的即开即停型核聚变的技术。可控温核聚变技术是被全人类寄予厚望的未来能源利用方式,但是在没有新理论的诞生以前,几乎是不可能被大规模工业使用的,这是全世界从事等离子体聚变研究的科技工作者的共识。领航国创等离子研究院科研团队从等离子体研究项目着手,超前布局了可控温核聚变技术研究。

本书在国际上首次提出并构建了可控温核聚变光核反应化石燃料复合燃烧理论体系,利用推导出的 DINGENZHEN(丁恩振)方程,计算并定义了 $_1^2D$、$_1^3T$、$_2^3He$、$_2^4He$ 基态半径、亚稳态半径与波函数(基态概率)半径,把经典物理学 D-T 核有效碰撞聚变的能量值 288 keV 修正为 170.3 keV,并且通过"核基态概率(波函数)球"数据,计算出 D-T 聚变反应的共振特征点最低点和最高点数值与国际原子能 D-T 聚变反应截面与入射能量关系实验数据(曲线)吻合度高达 97%～99.8%,使得经典力学与量子力学在此高度统一。在此理论指导下,化石燃料在非均匀交变高压电磁场作用下,呈深度等离子体态,裸露的轻核通过碰撞释放核能，离开电磁场，化学燃烧速度超过平常约 3 个数量级，释放化学能。即使化学燃料中含有的痕量 D-T 的 1% 在等离子体复合燃烧中聚变成功，就可释放出化学能的 1 倍能量。书中通过实验和真实应用案例初步验证了该理论的成立，并对未来应用前景作出展望。

可控温核聚变光核反应化石燃料复合燃烧理论的诞生和化石燃料等离子体复合燃烧技术研究填补了一项国际空白，这无疑会极大推进人类和平利用核聚变能的进程。如果此复合燃烧技术能够迅速推广普及应用，那么节能减排可以达到 30%，甚至有望更多。

在本书的写作与出版过程中，得到了领航国创（北京）等离子体技术研究院专项资金大力支持，还有同事和朋友——曹林、刘丽文、王建瑶、邹曜、郭仁祥、黄阳、曹孝文、周慧敏、黄海涛、王剑、李家祥、冯婷婷、张轶凝、赵晓云、卫敏、邱双成、谢建鸿、谢文清、徐小庆、万京林、潘旭等积极鼓励与帮助，在此一并感谢！

"本是后山人，偶作前堂客，醉舞经阁半卷书，坐井说天阔……"

说实在的，作者并非核物理与核聚变专业的，尽管尝试研究，尚觉还没有入门，最起码仍处于略知皮毛阶段。因此，书中错误在所难免，敬请相关领域的专家与学者不吝批评与指正。

作者

2022 年 3 月 30 日

目　录

第1章 引 言

氢只有三种同位素:氕(P)原子核内有 1 个质子,无中子,丰度为 99.98%;氘(D)(又叫重氢),原子核内有 1 个质子,1 个中子,丰度为 0.016%;氚(T)(又叫超重氢),原子核内有 1 个质子,2 个中子,丰度为 0.004%。

氕(protium),是一种优质燃料,是石油、化工、化肥和冶金等行业的重要原料和物料。石油和其他化石燃料的精炼需要氢,如烃的增氢、煤的气化、重油的精炼等需要氢;在化工中制氨、制甲醇也需要氢。氢还用来还原铁矿石。用氢制成燃料电池可直接发电。采用燃料电池和氢气-蒸汽联合循环发电,其能量转换效率将远高于现有的火电厂的。随着制氢技术的进步和贮氢手段的完善,氢能将在 21 世纪的能源舞台上大展风采。

氘(deuterium),在大自然的含量约为一般氢的 1/7 000,用于热核反应。氘聚变时放出 β 射线后形成质量数为 3 的氦(He)。氘被称为"未来的天然燃料"。常温下,氘是一种无色、无味、无毒无害的可燃性气体。它用于核能、可控核聚变反应、氘化光导纤维、氘润滑油、激光器、灯泡、实验研究、半导体材料韧化处理以及核医学,核农业等;在军事上,它也有一些重要的用途,比如制造氢弹、中子弹和东风激光武器。

氚(tritium)元素符号为 T 或 ^3H,也被称为超重氢。它的原子核中有一个质子和两个中子。它带有放射性,会发生 β 衰变,其半衰期为 12.43 年。由于氚的 β 衰变只会放出高速移动的电子,不会穿透人体,因此只有大量吸入氚才会对人体有害。在地球的自然界中,相比一般的氢气(氕),氚的含量极少。氚的产生原理是当宇宙射线所带的高能量中子撞击氘核时,其氘核与中子结合为氚核。氚与氘一样,都是制造氢弹的原料。氚在自然界中存在极微,主要从核反应制得。氚主要用于热核反应。氚除了用作核武器的材料外,其他用途也很多。氚最容易在高温条件下与氘实现核聚变反应。提取到的氚气中常含有多种杂质气体,释放出巨大能量。

在标准的地面温度下,物质的原子核彼此靠近的程度只能达到原子的电子壳层所允许的程度。因此,在原子相互作用中只是电子壳层相互影响。带有同性正电荷的原子核间的斥力阻止它们彼此接近,结果原子核没能发生碰撞而不发生核反应。要参加聚变反应的原子核必须具有足够的动能,才能克服这一斥力而彼此靠近。

核聚变是轻原子核(例如氘和氚)结合成较重原子核(例如氦)时放出巨大能量。因为化学是在分子、原子层次上研究物质性质、组成、结构与变化规律的科学,而核聚变是发生在原子核层面上的,所以核聚变不属于化学变化。

热核反应,或原子核的聚变反应,是当前很有前途的新能源。参与核反应的轻原子核[如氢(气)、氘、氚、锂等]从热运动获得必要的动能才能引起聚变反应(参见核聚变)。热核反应是氢弹爆炸的基础,可在瞬间产生大量热能,但尚无法加以利用。若能使热核反应在一定约束区域内,按照人们的意图有控制地产生与进行,即可实现受控热核反应。这正是科研人员在进行试验研究的重大课题。受控热核反应是聚变反应堆的基础。聚变反应堆一旦成功,则可能向人类提供最清洁而且取之不尽的能源。世界上第一个非圆截面全超导托卡马克 EAST 装置(见图 1-1)诞生在合肥,由中国科学院合肥物质科学研究院等离子体所建设。EAST 装置的中文名为"东方超环",俗称"人造小太阳"。EAST 由实验"Experimental"、先进"Advanced"、超导"Superconducting"、托卡马克"Tokamak"四个单词首字母拼写而成,即"先进实验超导托卡马克",同时具有"东方"的含意。尽管经过努力,科研人员业已取得一些成果。但是 EAST 装置需要超高温 1.5 亿度的运行,所以距离实际工程化使用聚变核能,仍遥遥无期。

图 1-1 非圆截面全超导托卡马克 EAST 装置

冷核聚变是:在相对低温(甚至常温)下进行的核聚变反应。这种核聚变是针对自然界已知存在的热核聚变(恒星内部热核反应)而提出的一种概念性'假设'。这种设想将极大地降低反应要求,只要能够在较低温度下让核外电子摆脱原子核的束缚,或者在较高温度下用高强度、高密度磁场阻挡中子或者让中子定向输出,就可以使用更普通更简单的设备产生可控冷核聚变反应,同时也使聚核反应更安全。

30 多年前,冷聚变的首次亮相点燃人们对超级能源的希望。英国南安普顿大学的 Martin Fleischmann 和美国犹他大学的 Stanley Pons 公开宣布,在用钯阴极电解重水时观测到了难以用化学反应来解释的大量热产生。他们用氘聚变来解释这个常温中的"超热"现象,而氘聚变需要上亿度高温才能实现。他们将其称之为"冷聚变"。

也就是说,这种冷聚变颠覆了核聚变必须在超高温下才能进行的传统认知,这意味着它可能创造无限的无碳能源,煤炭、石油等一切其他能源将成为过去。也正因为此,这个研究得到了全世界的关注和热议。许多科学家开始重复他们的实验,但"冷聚变"却没再出现过。自那以后,美国能源部的两份评估报告都没有发现这种现象的证据。

由于无法重复,两位宣称发现"冷聚变"的科学家因此被认为是"骗子"。之后他们亦关闭了实验室,退出了科学界。"冷聚变"成为人类科学史上最具争议的一段公案,这个话题被搁置了 30 年。相比之下,科学家对"热"聚变的研究一直在持续,同时科学家与将聚变技术商业化的 SPARC 公司合作共同进行相关研究。

尽管近年来有一些科学家不断在冷核裂变领域声称取得了一些成绩,但一直未能得到科技界的公认。

核聚变的根本要求是较轻原子核必须具备超高动能,进而导致原子核发生有效碰撞。核聚变时,为了使原子核获得这个动能是否还有别的工程上较易实现的办法呢?

依据劳森的"能源热核反应的几个判据"(Some Criteria for a Power Producing Thermonuclear Reactor)一文,只有提供给核聚变系统的能量与核电释放功率相等时,核聚变才会变得有实用价值,也就是所谓"反应自持的必要条件"。这时系统温度,称之为"临界温度"。这个温度,就是假设的温度。如果所有的辐射都逃逸了,但反应产物保留了下来,那么一个自给自足的系统就需要这个温度。D-D 反应的临界温度约为 1.5 亿度(假设氚一旦形成就被燃烧,但 ^{3}He 不燃烧),T-D 反应的临界温度约为 3 000 万度。氘氚反应释能示意图见图 1-2。

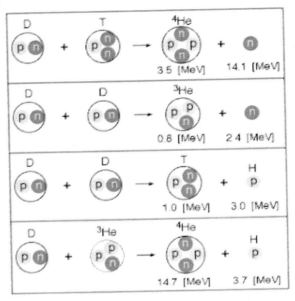

图 1-2 氘氚反应释能示意图

上述论点是被核聚变研究者一直公认了 60 多年的"核聚变判据",且从没被人质疑过。这时,在反应体系中,粒子的能量为:

$$E = \frac{3}{2}kT \qquad (1-1)$$

式中　T——热力学温度,K;

　　　k——波尔兹曼常数,其值为 1.38×10^{-23} J/K。

$$E = \frac{3}{2} \times 1.38 \times 10^{-23} \times (3 \times 10^{7} \sim 1.5 \times 10^{8})$$

$$= 6.21 \times 10^{-16} \text{ J} \sim 3.105 \times 10^{-15} \text{ J}$$

$$= 3.876 \text{ keV} \sim 19.382 \text{ keV}(1 \text{ eV} = 1.602 \times 10^{-19} \text{ J})$$

也就是说,只要给予氘-氚与氘-氘系统提供 $3.876 \sim 19.382$ keV 的能量,就可能使得氘氚反应与氘氘反应的核聚变发生。

同时,也可以说,在"自持核聚变的临界温度"下,在反应体系中的氘原子核、氚原子核能量为 $3.876 \sim 19.382$ keV。

在"千度级"的工程条件下,使氘-氚与氘-氘系统获得 $3.876 \sim 19.382$ keV 的能量,从而实现介于热核聚变与冷核聚变之间"环境温度"的"温和条件核聚变",正式实现可以控制的核聚变工程实用化技术,是人们梦寐以求的夙愿。

所谓"温核聚变",在此特别定义。一般化石燃料燃烧温度是"千度级"。在这个"比较温和的温度"条件下,采用特定技术手段(比如电磁场技术),赋予氘原子核、氚原子核 $3.876\sim19.382\ \text{keV}$ 的能量,使之完成可以方便控制的即开即停型核聚变,进而构建一整套"温核聚变"理论体系,并建立相应的可以重复实验验证的实验室技术,同时直接应用于工业工程造福人类,也是科技工作者的毕生追求。

特别的,在常规化石燃料燃烧过程中,如果能将化石燃料中的微量氘与氚,通过电磁场技术,将之激发产生聚变反应,实现常规化石燃料的"超热值燃烧",使得核聚变迅速成为可直接现阶段使用的平民化技术,大幅延长化石燃料的使用寿命年限,实现真正意义上的"节能减排",这是值得引起当今科技工作者们深度思考的一个重大问题。

第2章　温核聚变光核反应理论构建

原子核是由质子和中子组成。其中,质子带有一个单位的正电荷。如果假设中子是由带有一个正电荷的质子和带有一个负电荷的电子组成,那么利用完备的统一场理论不仅能够证明质子与质子、质子与中子以及中子与中子之间核力作用相等,还能够证明质子与中子以及中子与中子之间存在有与质量有关的电磁力作用。核子是质子、反质子、中子与反中子的总称,是组成原子核的粒子。核子由夸克和胶子组成,属于重子。以下主要讨论质子与中子。

2.1　中子、质子与电子半径

2.1.1　中子半径计算

中子会自发地发生衰变转变成为质子,同时释放出电子和部分中性物质。根据力的平衡关系,中子在衰变之前,满足:

$$\frac{K \times Q_p \times Q_e}{(R_n \times R_n)} = \frac{(M_n - M_p) \times c^2}{R_n}$$

整理就可以得出中子半径计算公式为:

$$R_n = \frac{K \times Q_p \times Q_e}{(M_n - M_p) \times c^2} \tag{2-1}$$

式中　K——电磁常数(库仑参数);

　　　Q_p——质子的电量;

　　　Q_e——电子的电量;

　　　M_n——中子的质量;

　　　M_p——质子的质量;

　　　R_n——中子的半径;

　　　c——光速。

根据 2006 年基本物理常数国际推荐值，取物理学常数数值如下：

$K = 8.987\ 551\ 787\ 368\ 176\ 4 \times 10^{9}$ m/F(N $\cdot$ m^{2} $\cdot$ C^{-2})

$M_n = 1.674\ 927\ 211(84) \times 10^{-27}$ kg

$M_p = 1.672\ 621\ 637(84) \times 10^{-27}$ kg

$M_e = 9.109\ 382\ 15(46) \times 10^{-31}$ kg

$Q_p = Q_e = 1.602\ 176\ 487(40) \times 10^{-19}$ C

$c = 299\ 792\ 458$ m/s

经计算，得出中子发生衰变转变成为质子所释放出来的物质的总质量 $M_n - M_p$ 为：

$$M_n - M_p = 1.674\ 927\ 211(84) \times 10^{-27} - 1.672\ 621\ 637(84) \times 10^{-27}$$
$$= 2.305\ 573\ 74(89) \times 10^{-30} (\text{kg})$$

代入相关参数取值可得中子的半径为：

$$R_n = 1.113\ 375\ 58(48) \times 10^{-15}\ \text{m} = 1.113\ 375\ 58(48)\ \text{fm}$$

2.1.2　质子半径计算

质子的半径计算公式为：

$$R_p = \left(\frac{M_p}{M_n}\right)^{\frac{1}{3}} \times R_n \tag{2-2}$$

代入相关参数取值可得质子的半径为：

$$R_p = 1.112\ 864\ 48(48) \times 10^{-15}\ \text{m} = 1.112\ 864\ 48(48)\ \text{fm}$$

2.1.3　电子半径计算

电子的半径计算公式为：

$$R_e = \left(\frac{M_e}{M_n}\right)^{\frac{1}{3}} \times R_n \tag{2-3}$$

代入相关参数取值可得电子的半径为：

$$R_e = 9.088\ 091\ 4(40) \times 10^{-17}\ \text{m} = 0.908\ 809\ 14(40) \times 10^{-3}\ \text{fm}$$

2.2　核子之间作用力

2.2.1　质子与质子作用

质子是强子，参与强相互作用。质子与质子间的核作用力计算公式为：

$$F = \frac{31.62}{r^2}\left(1 + \frac{r}{0.662} - \frac{0.662}{r}\right)\exp\left(-\frac{r}{0.662} - \frac{0.662}{r}\right)(\text{kN}) \quad (2\text{-}4)$$

质子与质子间的核力作用势能计算公式为：

$$V = -\frac{196.875}{r}\exp\left(-\frac{r}{0.662} - \frac{0.662}{r}\right)(\text{MeV}) \quad (2\text{-}5)$$

式中 r——质子与质子间的作用距离，其单位是 fm。

质子与质子间的核力作用的 $F\text{-}r$ 关系曲线如图 2-1 所示。

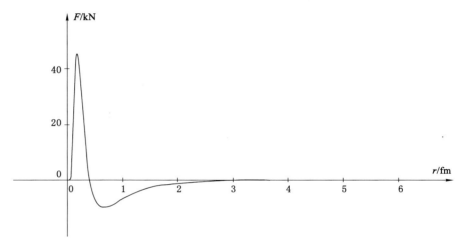

图 2-1　质子与质子间的核力作用的 $F\text{-}r$ 关系曲线

质子与质子间的核力作用的 $V\text{-}r$ 关系曲线如图 2-2 所示。

质子与质子间的电磁力计算公式为：

$$F_1 = \frac{230.4}{r^2}\left(1 - \frac{0.662}{r}\right)\exp\left(-\frac{0.662}{r}\right)(\text{N}) \quad (2\text{-}6)$$

质子与质子间的电场作用势能计算公式为：

$$V_1 = \frac{1.44}{r}\exp\left(-\frac{0.662}{r}\right)(\text{MeV}) \quad (2\text{-}7)$$

式中 r——质子与质子间的作用距离，其单位是 fm。

显然质子与质子之间受核力（强力）与电磁力共同作用。其合力 $F_合$ 为：

$$F_合 = F + F_1 = -\frac{31.62}{r^2}\left(1 + \frac{r}{0.662} - \frac{0.662}{r}\right)\exp\left(-\frac{r}{0.662} - \frac{0.662}{r}\right)$$

$$+ \frac{0.23}{r^2}\left(1 - \frac{0.662}{r}\right)\exp\left(-\frac{0.662}{r}\right)(\text{kN}) \quad (2\text{-}8)$$

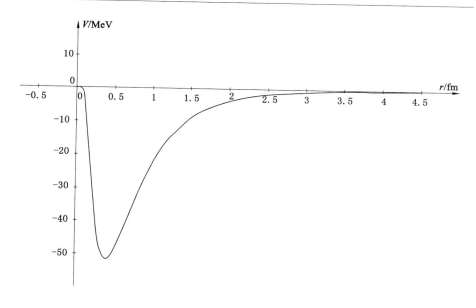

图 2-2　质子与质子间的核力作用的 $V\text{-}r$ 关系曲线

　　质子与质子间的核力与电磁力共同作用的 $F_合\text{-}r$ 关系曲线如图 2-3 所示。

　　质子与质子间的核力与电磁力共同作用势能计算公式为:

$$V_合 = -\frac{196.875}{r}\exp\left(-\frac{r}{0.662} - \frac{0.662}{r}\right) + \frac{1.44}{r}\exp\left(-\frac{0.662}{r}\right)\text{(MeV)}$$

$$(2\text{-}9)$$

　　质子与质子间的核力与电磁力共同作用势能 $V_合\text{-}r$ 关系曲线如图 2-4 所示。

　　通过多年的实验结果分析得到:质子与质子间的核力的性质与图 2-1 所示的基本相符。有关研究表明:核力是短程力,核力在 4 fm 以上的距离时就消失了。当两核子距离为 2~4 fm 时,核力是较弱的吸引力,通常被称为长程弱吸引力。当两核子距离为 0.4~2 fm 时,核力是较强的吸引力,比质子间的电磁力强得多。当两核子间距离小于 0.4 fm 时,核力为排斥力。这里需要注意的是:在图 2-3 中,在两质子距离大于等于 5 fm 时,又开始出现微弱斥力且其值大于等于 2.1 N,这说明核力是短程力,这个微弱斥力是电磁力的贡献。从图 2-1 中还可以看出:当两核子距离小于 0.2 fm 时,斥力反而较弱,这可能是核子之间的弱作用力发挥了较显著的作用,这说明核子之间的弱作用力是

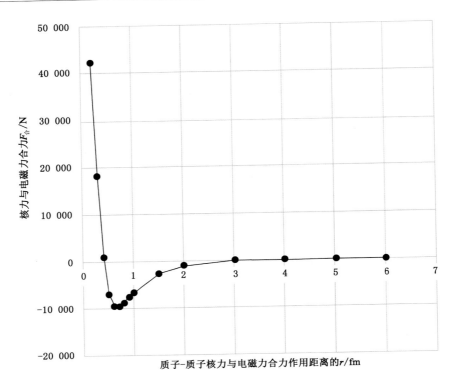

图 2-3　质子与质子间的核力与电磁力共同作用的 $F_合$-r 关系曲线

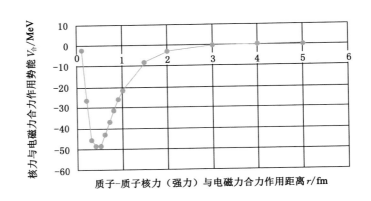

图 2-4　质子与质子间的核力与电磁力共同作用势能 $V_合$-r 关系曲线

更短程的力。另外,从图 2-2 和图 2-4 中很容易看出:当两核子相距 1.5~1.6 fm 时,两核子间核力的作用势能是 7~8 MeV;其合力势能也在此范围内,核力发挥主要作用。

2.2.2　质子与中子作用

如果假设中子是由带有一个单位正电荷的质子和带有一个单位负电荷的电子组成,那么质子与中子的作用可视为质子分别与中子中的质子和电子作用的和效应。其中质子与中子中的质子间的作用除有式(2-4)所示的核力作用外,还有式(2-6)所示的电磁力作用。

由于电子不参与核力作用,所以质子与中子中的电子只有电磁力作用。质子与中子中的电子间电磁力及电磁力作用势能的计算公式分别为:

$$F_2 = -\frac{230.4}{r^2}\left(1 - \frac{1.32}{r}\right)\exp\left(-\frac{1.32}{r}\right)(\text{N}) \tag{2-10}$$

$$V_2 = -\frac{1.44}{r}\exp\left(-\frac{1.32}{r}\right)(\text{MeV}) \tag{2-11}$$

因此,质子与中子间的电磁力(F_e)作用应是质子分别与中子中的质子和电子的电磁力作用的加合效应,即有:

$$\begin{aligned} F_e &= F_1 + F_2 \\ &= \frac{230.4}{r^2}\left[\left(1 - \frac{0.662}{r}\right)\exp\left(-\frac{0.662}{r}\right) - \left(1 - \frac{1.32}{r}\right)\exp\left(-\frac{1.32}{r}\right)\right](\text{N}) \end{aligned} \tag{2-12}$$

质子与中子间电磁力与作用距离 $F_e\text{-}r_e$ 关系曲线见图 2-5。

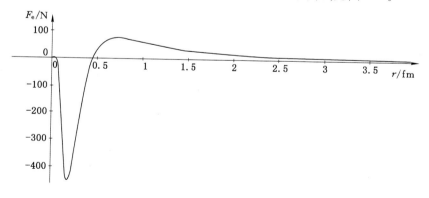

图 2-5　质子与中子间电磁力与作用距离 $F_e\text{-}r_e$ 关系曲线

同样,质子与中子间的电磁力作用势能应是质子分别与中子中的质子和电子的电磁力作用势能的加合效应,即有:

$$V_e = V_1 + V_2 = \frac{1.44}{r}\left[\exp\left(-\frac{0.662}{r}\right) - \exp\left(-\frac{1.32}{r}\right)\right](\text{MeV}) \quad (2\text{-}13)$$

质子与中子间电磁力作用势能与作用距离 $V_e\text{-}r$ 关系曲线见图 2-6。

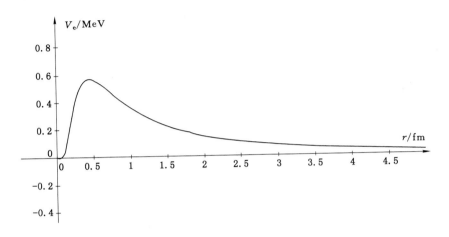

图 2-6　质子与中子间电磁力作用势能与作用距离 $V_e\text{-}r$ 关系曲线

从图 2-5 可以看出:在原子核内,质子与中子间的电磁力作用强度是远小于质子与中子中质子的核力作用强度。因此,质子与中子间的作用主要是核力作用,其强度与质子和质子间的核力作用强度相同。在原子核外,质子与中子间的核力作用为零,但电磁力不为零,而是存在有一个相斥的电磁力作用,这是库仑电磁力理论所没有的一种电磁力作用效应。

2.2.3　中子与中子作用

由于每一个中子都是由一个质子和一个电子组成,因此,两个中子中的质子间仍然存在有式(2-4)所示的核力作用。同时两个中子中的质子与质子、电子与电子及质子与电子间还存在有电磁力作用。其中电子与电子之间的电磁力以及电磁力作用势能的计算公式分别为:

$$F_3 = \frac{230.4}{r^2}\left(1 - \frac{1\,214}{r}\right)\exp\left(-\frac{1\,214}{r}\right) \quad (\text{N}) \quad (2\text{-}14)$$

$$V_3 = \frac{1.44}{r}\exp\left(-\frac{1\,214}{r}\right)(\text{MeV}) \quad (2\text{-}15)$$

这里 r 单位是飞米(fm)。注意:这里特别说明,肖军所发表的论文中的相关计算公式中的数据"1 013"有错误的,应该为"1 214",在此已经更正[见式(2-14)],以下均同时更正。

两个中子间的核力与电磁力合力及核力与电磁力共同作用势能分别为:

$$F_n = F_1 + F_3 + 2F_2$$

$$= \frac{230.4}{r^2} \left[\left(1 - \frac{0.662}{r}\right) \exp\left(-\frac{0.662}{r}\right) + \left(1 - \frac{1\ 214}{r}\right) \exp\left(-\frac{1\ 214}{r}\right) - 2\left(1 - \frac{1.32}{r}\right) \exp\left(-\frac{1.32}{r}\right) \right] (N) \qquad (2\text{-}16)$$

$$V_n = V_1 + V_3 + 2V_2$$

$$= \frac{1.44}{r} \left[\exp\left(-\frac{0.662}{r}\right) + \exp\left(-\frac{1\ 214}{r}\right) - 2\exp\left(-\frac{1.32}{r}\right) \right] (MeV) \qquad (2\text{-}17)$$

中子与中子间电磁力与作用距离 F_n-r 关系曲线见图 2-7。

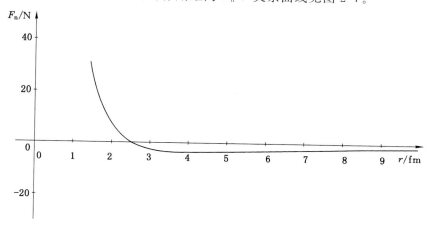

图 2-7　中子与中子间电磁力与作用距离 F_n-r 关系曲线

中子与中子间电磁力作用势能与作用距离 V_n-r 关系曲线见图 2-8。

两中子间的核力作用就是两中子中的两质子间的核力作用。从图 2-7 可以看出,两中子中的电磁力作用远小于核力作用,如果两中子间的作用距离小于约 1.4 fm,两中子间电磁力作用为零。在作用距离大于约 2.4 fm 时,中子与中子间存在有电场吸引力作用。

综上,质子与中子以及中子与中子之间均存在有吸引的核力作用,它们的核力作用实质上就是两中子中的两质子间的核力作用。

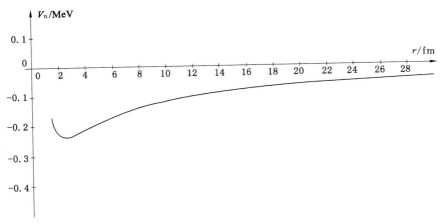

图 2-8　中子与中子间电磁力作用势能与作用距离 $V_n\text{-}r$ 关系曲线

2.3　氕核、氘核、氚核与氦核波函数(基态概率)半径

2.3.1　${}_1^1\mathrm{H}$(氕核)基态概率半径

2017 年荷兰科学家使用量子显微镜拍摄了氢原子的第一张照片,如图 2-9 所示。这照片证实了氢原子的波函数是真实存在的。

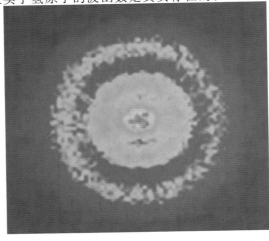

图 2-9　氢(氕)原子照片

张占新等通过波尔理论基本假设求得氢原子电子第一轨道半径 R_0（即波尔半径），$R_0 = 52.92\ \text{pm} = 52.92 \times 10^{-12}\ \text{m} = 52\,920\ \text{fm}$。

参照图 2-10，可以简单测算出氢原子核基态概率半径 r_0 在 22 000 fm 数量级。由于业已知道质子半径 $R_p = 1.112\,864\,48(48)\ \text{fm}$，氢原子核只有一个质子，所以可以看出氢原子核的波函数（基态概率）半径约为质子半径的 19 800 倍。

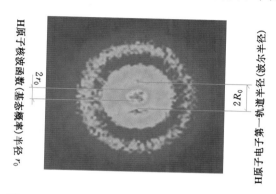

图 2-10　氢（气）原子核波函数（基态概率）半径测算

2.3.2　$_1^2\mathrm{D}$（氘核）基态半径、亚稳态半径与基态概率（波函数）半径

氘原子结构示意图见图 2-11。

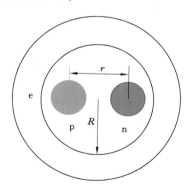

图 2-11　氘原子结构示意图

氘核由 1 个质子与 1 个中子构成。对于一个稳定的氘核，质子与中子相互接近，但又保持一定距离，也就是说质子与中子之间的核力（吸引力）与电磁力（排斥力）几乎相等。氘核中质子与中子间核力（强力）与电磁力合力和距离

关系计算数据见表 2-1。

表 2-1　氕核中质子与中子间核力(强力)、电磁力合力与距离关系计算数据

距离 r/fm	合力 F/N	距离 r/fm	合力 F/N	距离 r/fm	合力 F/N
0.2	42 380	0.8	−8 800	5	−3.1
0.3	18 390	0.9	−7 520	6	0.23
0.4	990	1	−6 600	7	0.52
0.5	−6 780	2	−1 000	8	0.51
0.6	−9 390	3	−162	9	0.36
0.7	−9 600	4	−24	10	0.28

根据质子-中子的核力与电磁力计算公式(2-4)与式(2-12),合并可得式(2-18)为:

$$F_{合} = F + F_e = -\frac{31.62}{r^2}\left(1 + \frac{r}{0.662} - \frac{0.662}{r}\right)\exp\left(-\frac{r}{0.662} - \frac{0.662}{r}\right) +$$

$$\frac{0.23}{r^2}\left[\left(1 - \frac{0.662}{r}\right)\exp\left(-\frac{0.662}{r}\right) - \left(1 - \frac{1.32}{r}\right)\exp\left(-\frac{1.32}{r}\right)\right](\text{kN})$$

$$(2\text{-}18)$$

图 2-12 是由式(2-18)式绘制的质子与中子间核力(强力)、电磁力合力与距离关系曲线。已经知道中子的半径 $R_n = 1.113\,375\,58(48)$ fm,质子的半径 $R_p = 1.112\,864\,48(48)$ fm。质子与中子两个粒子并非刚性圆球,在强力核力作用下,是可以呈现"压扁的椭球体形"结构。这与后来研究人员发现的质子与中子内部结构是吻合的。

图 2-13 是图 2-12 的局部放大图。在此可以非常显著地看出:核力(强力)是短程力;当氕核中的质子-中子距离 $r > 6$ fm 时,电磁力(远程力)已经变为主导作用;当 $r = 7$ fm 时,电磁力彻底变为主导作用;并随着 r 的继续加大,电磁力也逐渐衰弱。当 $r = 10$ fm 时,合力只有斥力(0.28 N),这时核力(强力)作为吸引力(−0.001 3 N),仅仅贡献了 0.5% 的作用。

参考图 2-14,可以将氕核中质子-中子核力与电磁力合力 $F = 0$ N 的距离定义为 p-n 基态核键键长 = 5.85 fm,定义 p-n 亚稳态核键键长 = 5.85±1.72 fm。

根据上面计算得出的质子与中子半径,氕核基态半径与氕核亚稳态半径分别为:

$$r_{0D} = \frac{5.85}{2} + 1.113 = 4.055\,(\text{fm})$$

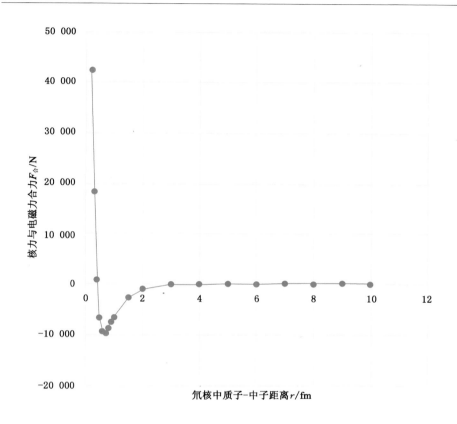

图 2-12　氚核中质子与中子间核力(强力)、电磁力合力与距离关系曲线

$$r_{1D} = \frac{5.85 \pm 1.72}{2} + 1.113 = 4.055 \pm 0.86 \text{（fm）}$$

历史上,对于氚核半径计算办法主要出现过以下三个版本。第一个版本采用公式 $r = r_0 A^{1/3}$ 对于核的尺度只做了定性的描述,此处 $r_0 = 1.2$ fm,A 是核的质量数,氚核半径计算结果为 1.51 fm。第二个版本采用修正的"等效半径"公式 $R_{eg} = r_{eg} A^{1/3} = l f\left(A, \frac{a}{l}\right) A^{1/3}$,但由于没有考虑结合能对核大小的影响,其计算结果跟核半径的实际情况仍有较大的偏离。第三个版本,将测不准关系 $rp \approx \hbar$ 应用于原子核,并引入比结合能的概念,推导出公式 $r = K A^{1/3} \sqrt[3]{u}$,这里常数 $K = 3.80 \times 10^{-13}$,u 是以 MeV 为单位的原子核比结合能数值,由实验测定,计算得出氚核半径为 4.31 fm。

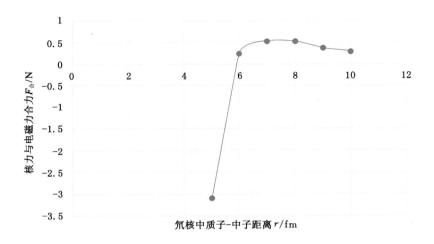

图 2-13　氕核中质子与中子间核力（强力）、电磁力合力与距离关系局部曲线

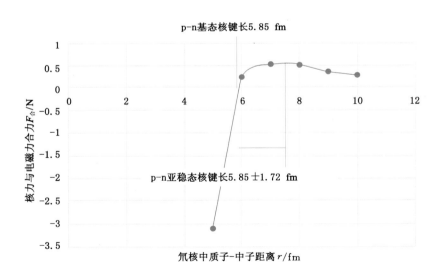

图 2-14　氕核中质子-中子核键长计算测量

质子与中子间核力和电磁力合力作用势能与距离关系曲线可以用式(2-19)表示。

$$V_合 = -\frac{196.875}{r}\exp\left(-\frac{r}{0.662}-\frac{0.662}{r}\right)+$$

$$\frac{1.44}{r}\left[\exp\left(-\frac{0.662}{r}\right)-\exp\left(-\frac{1.32}{r}\right)\right] \text{(MeV)} \quad (2\text{-}19)$$

质子与中子间核力和电磁力合力作用势能与距离关系计算数据，见表2-2。

表 2-2　质子与中子间核力和电磁力合力作用势能与距离关系计算数据

距离/fm	势能/keV	距离/fm	势能/keV	距离/fm	势能/keV
1	−22 080	5	12	8	13
2	−3 310	5.85	19.2	9	11
3	−390	6	19.6	10	9
4	−48	7	17		
4.13	−35	7.57	14.6		

氘核中质子与中子间核力、电磁力合力作用势能与距离关系曲线见图2-15。

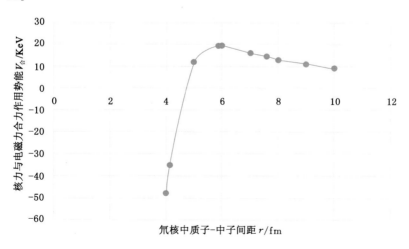

图 2-15　氘核中质子与中子间核力、电磁力合力作用势能与距离关系曲线

p-n 做简谐振动时，p-n 能量满足方程(2-20)。

$$E_k + E_p = \frac{1}{2}KA^2 \tag{2-20}$$

式中　E_k——振子动能；

　　　E_p——振子势能；

　　　K——劲度系数；$K = m\omega^2$；

　　　m——振子质量；

　　　ω——振子角频率；$\omega = 2\pi f$；

　　　f——频率。

核子能量与频率关系式为：

$$E = hf \tag{2-21}$$

　　　h——普朗克常数。

当将 p-n 组对看作一维振动时，当振子达到振幅 A 位置时，动能 $E_k = 0$，势能 E_p 达到最大值，这时振幅 A 就是原子核波函数（基态概率）半径值 R，则满足方程(2-22)：

$$E_p = 2m\pi^2 f^2 A^2 \tag{2-22}$$

值得注意的是，这里的 m 是 p-n 振子高速运动态的质量，且其符合于爱因斯坦质能方程(2-23)：

$$E = mc^2 \tag{2-23}$$

式中　c——光速。

因此得：

$$A = \sqrt{\frac{E_p}{2\pi^2 \times \left(\frac{E_p}{h}\right)^2 \times \frac{E_p}{c^2}}}$$

化简可得出方程(2-24)。由于方程(2-24)是第一次推导出现，所以姑且将其命名为计算原子核波函数（基态概率）半径方程式——DING ENZHEN FORMULA（丁恩振方程）。

$$R = \frac{\sqrt{2}\,ch}{2\pi\,E_{p.max}} \tag{2-24}$$

式中　c——光速，取 3×10^8 m/s；

　　　h——普朗克常数，取 6.63×10^{-34} J/s；

　　　$E_{p.max}$——势能最大值，此处取 19.6 keV$= 19.6 \times 10^3 \times 1.602 \times 10^{-19}$ J。

解之得

$R = 1.426\ 3 \times 10^{-11}$ m $= 0.142\ 63 \times 10^{-12}$ m $= 0.014\ 263$ nm $= 142\ 63$ fm

此处 R 等于振幅 A，就是氕核的波函数（基态概率）半径 $=142\ 63$ fm。相当于氕核基态半径 4.055 fm 的 $3\ 517$ 倍。

2.3.3　${}_1^3T$(氚核)基态半径、亚稳态半径与基态概率(波函数)半径

依据前期推导和计算，两个中子间的核力与电磁力合力为：

$$F_{合} = \frac{31.62}{r^2}\left(1 + \frac{0.662}{r} - \frac{r}{0.662}\right)\exp\left(-\frac{r}{0.662} - \frac{0.662}{r}\right) +$$

$$\frac{0.23}{r^2}\left[\left(1 - \frac{0.662}{r}\right)\exp\left(-\frac{0.662}{r}\right) + \left(1 - \frac{1\ 214}{r}\right)\exp\left(-\frac{1\ 214}{r}\right) -\right.$$

$$\left. 2\left(1 - \frac{1.32}{r}\right)\exp\left(-\frac{1.32}{r}\right)\right](\text{kN}) \tag{2-25}$$

两个中子间的核力与电磁力合力作用势能为：

$$V_{合} = \frac{196.875}{r}\exp\left(-\frac{r}{0.662} - \frac{0.662}{r}\right) +$$

$$\frac{1.44}{r}\left[\exp\left(-\frac{0.662}{r}\right) + \exp\left(-\frac{1214}{r}\right) - 2\exp\left(-\frac{1.32}{r}\right)\right](\text{MeV}) \tag{2-26}$$

两个中子间的核力与电磁力合力计算值见表 2-3。

表 2-3　两个中子间的核力与电磁力合力计算值

距离/fm	1.5	2	3	4	5	6	7	8	9
核力/N	30 450	1 020	161.2	27.2	4.9	0.91	0.17	0.03	0.007
电磁力/N	26.6	7.4	−2.5	−3.7	−3.4	−2.92	−2.44	−2.06	−1.74
合力/N	30 476.6	1 027.4	158.7	23.5	1.5	−2.01	−2.27	−2.03	−1.73

依据表 2-3 中计算数据做图 2-16。从图 2-16 中可以看出，在中子间距 $r=5.13$ fm 时，核力与电磁力合力 $F_{合}=0$ N。

依据公式(2-26)，计算得出中子-中子间的核力与电磁力合力作用势能值(见表 2-4)，并做图 2-17。

表 2-4　中子-中子间的核力与电磁力合力作用势能计算值

r/fm	1.5	2	3	4	5	6	7	8
$V_{合}$/MeV	8.57	2.52	0.34	−0.11	−0.17	−0.17	−0.16	−0.14

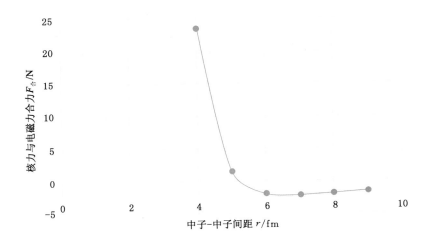

图 2-16　中子-中子间的核力与电磁力合力与间距关系曲线

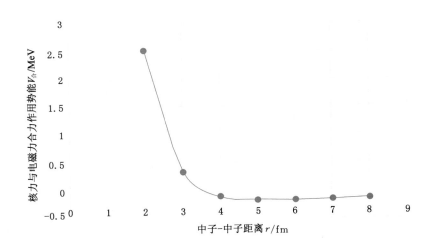

图 2-17　中子-中子间核力、电磁力合力作用势能与间距关系曲线

　　根据上述计算,可以计算出图 2-18 所示的氚核基态结构及质心势能最大值 E_p＝35.28 MeV。两个中子与质子成三角形分布,夹角 52°。中子-中子核键长＝5.13±1.51 fm。又知,质子-中子核键长为 5.85 fm,势能为 19.6 keV;中子-中子核键长为 5.13 fm,势能为－170 keV;质子-质子核键长为

4.75 fm,势能为 236 keV。

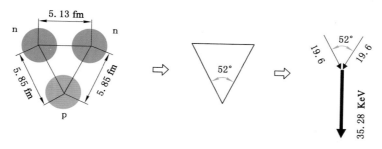

图 2-18　氚核基态结构及质子势能计算

依据上述数据做图 2-19。

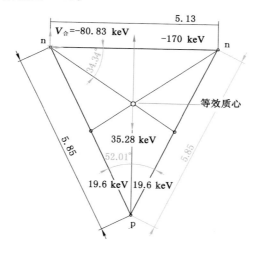

图 2-19　氚核基态结构及质心势能计算

注:单位 fm

根据 DING ENZHEN FORMULA(丁恩振方程)显然可得氚核的振幅 A $=R$ 为:

$$R = \frac{\sqrt{2}\,ch}{2\pi E_p} = \frac{\sqrt{2} \times 3 \times 10^8 \times 6.63 \times 10^{-34}}{2 \times 3.14 \times 80.83 \times 10^3 \times 1.602 \times 10^{-19}}$$

$$= 4\,218 \times 10^{-15}\,(\mathrm{m}) = 4\,218\,(\mathrm{fm})$$

氚核基态概率(波函数)半径$=4\,218$ fm。根据图 2-20,可以得出氚核基态半径$r_{0T}=4.40$ fm;亚稳态半径 $r_{1T}=4.40\pm0.92$ fm。

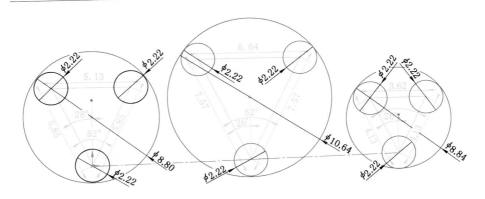

图 2-20　氚核基态半径与亚稳态半径计算

2.3.4　$^{3}_{2}$He 基态半径、亚稳态半径与基态概率（波函数）半径

质子-质子之间受核力（强力）与电磁力共同作用，参照 2.2.1 节中公式，计算其合力可以得出：

当 $r=4.70$ fm 时，$F_{合}=-0.000\,4$ kN。

当 $r=4.75$ fm 时，$F_{合}=+0.000\,1$ kN。

当 $r=4.80$ fm 时，$F_{合}=+0.000\,6$ kN。

显然，可取 4.75 fm 作为质子-质子的核键键长，如图 2-21 所示。

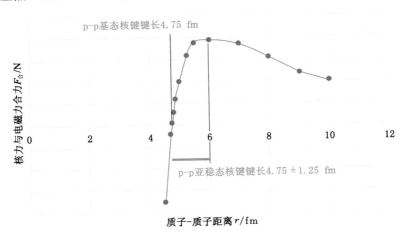

图 2-21　质子与质子核键键长计算

参考图 2-21 计算,可以得出图 2-22 至图 2-24。

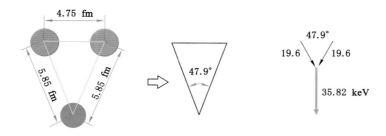

图 2-22　$^3_2$He 基态结构及中子势能计算

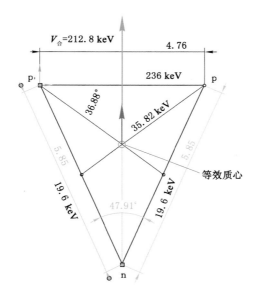

图 2-23　$^3_2$He 基态结构质心势能计算

根据 DING ENZHEN FORMULA,同理可得$^3_2$He 核的振幅 $A=R$ 为:

$$R = \frac{\sqrt{2}\,ch}{2\pi\,E_p} = \frac{\sqrt{2} \times 3 \times 10^8 \times 6.63 \times 10^{-34}}{2 \times 3.14 \times 139.2 \times 10^3 \times 1.602 \times 10^{-19}}$$

$$= 1\,314 \times 10^{-15}\,\mathrm{m} = 1\,314\,\mathrm{fm}$$

$^3_2$He 核基态概率(波函数)半径$=1\,314$ fm。根据图 2-24,可以得出$^3_2$He 核基态半径$r_{0^3_2\mathrm{He}}=4.35$ fm;亚稳态半径 $r_{1^3_2\mathrm{He}}=4.35\pm0.95$ fm。

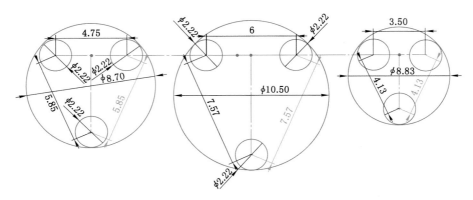

图 2-24 $^4_2$He 核基态半径与亚稳态半径计算用

2.3.5 $^4_2$He 基态半径、亚稳态半径与基态概率(波函数)半径

依据前面计算可知,质子 p(红色)、中子 n(蓝色)半径均可视为 1.11 fm。

p-p 中心距为 4.75 ± 1.25 fm。

p-n 中心距为 5.85 ± 1.72 fm。

n-n 中心距为 5.13 ± 1.51 fm。

显然可以做图 2-25,并求出,$^4_2$He 核基态半径 $r_{0^4_2\text{He}}=4.52$ fm,亚稳态半径 $r_{1^4_2\text{He}}=4.52\pm0.99$ fm。

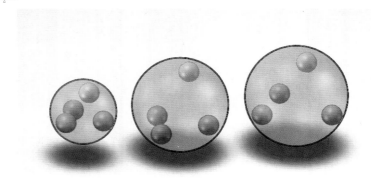

图 2-25 $^4_2$He 基态半径、亚稳态半径计算用图

在图 2-25 中,左图/右图所示为亚稳态最小外接球径/最大外接球径;中图所示为基态外接球径

根据,质子-中子核键长为 5.85 fm,势能为 19.6 keV;中子-中子核键长

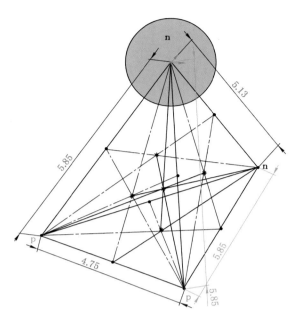

图 2-26　$_2^4$He 原子核波函数(基态概率)半径计算(1)

为 5.13 fm,势能为－170 keV;质子-质子核键长为 4.75 fm,势能为 236 keV;做图 2-26 至图 2-28。

当中子为顶点时,合力＝$2 \times 19.6 \times \cos 30.16° - 170 \times \cos 42.44°$

$$= -91.55 \text{ (keV)}$$

当质子为顶点时,合力＝$2 \times 19.6 \times \cos 31.54° + 236 \times \cos 44.64°$

$$= 201.43 \text{ (keV)}$$

根据图 2-26 至图 2-28 可以很清楚地得出:$_2^4$He 原子核基态半径球的等效质心的势能为:

$$E_p = V_合 = 2 \times 201.43 \times \cos \frac{90.72°}{2} + 2 \times 91.55 \times \cos \frac{95.12°}{2}$$

$$= 406.62 \text{ (keV)}$$

根据 DINGENZHEN FORMULA,同理得出 $_2^4$He 振幅 $A = R$ 为:

$$R = \frac{\sqrt{2}\,ch}{2\pi E_p} = \frac{1.414 \times 3 \times 10^8 \times 6.63 \times 10^{-34}}{2 \times 3.14 \times 406.62 \times 10^3 \times 1.602 \times 10^{-19}}$$

$$= 687.5 \times 10^{-15} \text{ (m)} = 687.5 \text{ (fm)}$$

$_2^4$He 基态概率(波函数)半径为 687.5 fm。

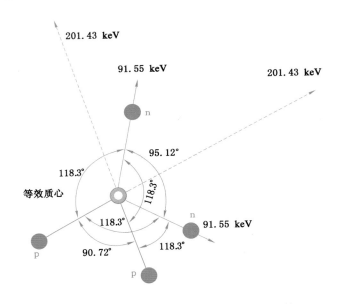

图 2-27 $^4_2$He 原子核波函数(基态概率)半径计算(2)

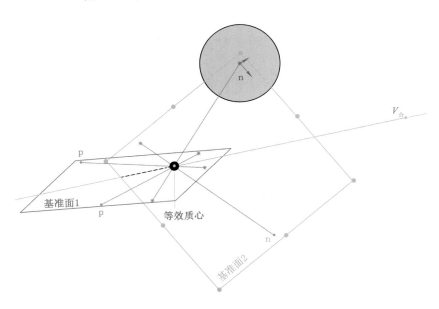

图 2-28 $^4_2$He 原子核波函数(基态概率)半径计算(3)

2.4　聚变截面计算

2.4.1　截面定义

截面 σ,是核反应中的一个重要的概念,表示一对粒子发生碰撞的概率,其单位是面积的单位平方米(m^2)。

为简化计算,从一开始的将粒子看作一个个的硬球,这个截面被称为硬球截面。如同宏观世界一样,考虑不同的力,硬球截面大小也是有变化的。

如图 2-29 所示,假设有 2 个原子核,即氘核和氚核(左为氘、右为氚),想像氚核被力场包围着,通常考虑被强核力场和电磁力场包围。与入射粒子运动方向垂直的阴影区域就是反应截面,进入到这一区域的粒子,就会进入到强核力或电磁力的作用范围。考虑强核力时,这个作用力区域就被称作聚变截面;考虑电磁力时,其被称作库仑散射截面。

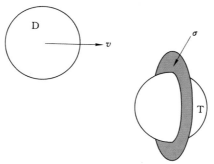

图 2-29　硬球模型磁撞截面定义

强核力与电磁力的作用强度与作用距离对比如图 2-30 所示。

强核力的作用强度:1,作用距离:10^{15} m

电磁力的作用强度:$\dfrac{1}{137}$,作用距离:接近无限

图 2-30　强核力与电磁力的作用强度与作用距离对比

由图 2-30 可知,强核力的作用范围很小,基本上就局限在原子核周围,所以其发生作用的截面(也就是聚变截面)很小;电磁力相对强核力来说,电磁力作用距离随着距离而衰减,电磁力作用范围近乎无限大,所以其发生作用的截

面(也就是库仑散射截面)非常大。

2.4.2 聚变截面分析

2.4.2.1 硬球截面

对于聚变截面,可以用硬球模型来计算,如图 2-31 所示。由图 2-31 可以看出,聚变截面取两个粒子半径之和为半径。因此,聚变截面是两个"人"(粒子)的事。就氘核与氚核而言,取其基态半径之和(4.055 fm + 4.40 fm = 8.455 fm),则其聚变截面为:

$$\sigma = \pi d^2 = 3.14 \times (8.455 \times 10^{-15})^2$$
$$\approx 225 \times 10^{-30}(\text{m}^2) = 2.25 \times 10^{-28}(\text{m}^2) = 2.25 \text{ b}$$

上式中,单位符号 b 为靶恩。在微观世界中用平方米作为截面的单位显然太不合适了,所以在物理上又重新定义了一个小的常用单位,被称为靶恩(其符号为 b)。1 b(靶恩)大约就是以氘核的直径为半径划圆所代表的面积,约为 10^{-28} m²,即 1 b = 10^{-28} m²。

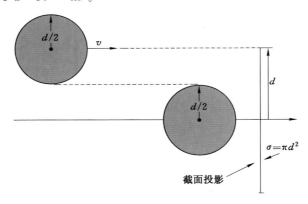

图 2-31　硬球模型碰撞截面计算(两个粒子半径相同时)

这是对氘聚变截面较合理估计,但是没有考虑库仑力的排斥作用会使得慢粒子不经历碰撞的事实。

2.4.2.2 经典截面

经典模型尝试将经典物理学和硬球模型结合,通过考虑库仑斥力和吸引性核力之间的竞争关系来确定 σ 对运动速度 v 的依赖性。

假设氘核以速度 v 直接向静止的氚核运动,如图 2-32(a)所示;假设氘核与氚核均以速度 v 相向运动,如图 2-32(b)所示。图 2-32 显示了实验室体系下和质心体系下的这两种运动形式。为了形成硬球碰撞,根据能量守恒要求,在质心体系下,D 与 T 在相距很远时的初始动能应超过它们相互接触时粒子表面的库仑势能。否则,D 与 T 将在它们发生碰撞前就被库仑力排斥开。在数学上,氘核与氚核的速度应当满足方程(2-25),才能发生碰撞。

（a）实验室体系下

（b）质 心 体 系 下

图 2-32　不同参照体系下的 D 与 T 碰撞形式

$$\frac{m_D}{2}\left(\frac{m_T}{m_D+m_T}v\right)^2+\frac{m_T}{2}\left(\frac{m_D}{m_D+m_T}v\right)^2\geqslant\frac{e^2}{4\pi\varepsilon_0 d} \qquad (2\text{-}27)$$

化简得质心动能为:

$$K_{cm}=\frac{1}{2}m_r v^2\geqslant\frac{e^2}{4\pi\varepsilon_0 d} \qquad (2\text{-}28)$$

式中,$m_r=\dfrac{m_D m_T}{m_D+m_T}$ 是约化质量;ε_0 为真空介电常数,$\varepsilon_0=8.854\ 187\ 818\times 10^{-12}$ F/m;$e=1.602\ 177\ 33\times 10^{-19}$ C,1 F＝1 C/V。由于氘核基态半径为 4.055×10^{-15} m,氚核基态半径为 4.40×10^{-15} m,因此 $d=8.455\times10^{-15}$ m。质心动能 $K_{cm}=\dfrac{1}{2}m_r v^2$,那么发生 D 与 T 碰撞的条件简化为:

$$K_{cm}\geqslant\frac{e^2}{4\pi\varepsilon_0 d}=\frac{1.6\times10^{-19}\times1.602\ 177\ 33\times10^{-19}}{4\times3.14\times8.85\times10^{-12}\times8.455\times10^{-15}}$$
$$=170.3(\text{keV})$$

显然,σ 对 v 或者 K_{cm} 的依赖关系经典图像可以描述为图 2-33。该经典图像的主要特征是在 170.3 keV 处有一个很高的势垒,任何较低能量的粒子都不会经历核聚变碰撞,但这与实验结果严重不符。

这里需要特别说明:在《等离子体物理与聚变能》一书中,$K_{cm}\geqslant288$ keV,这个是在假定氘核与氚核基态半径之和 d 取 5×10^{-15} m 的条件下得出的。

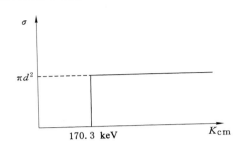

图 2-33 经典力学相互作用下 D-T 截面与能量关系曲线

但是,在前面已经准确得出:氘核的基态半径为 4.055×10^{-15} m,氚核的基态半径为 4.40×10^{-15} m,这里 $d = (4.045 + 4.40) \times 10^{-15}$ m $= 8.445 \times 10^{-15}$ m。因此此处计算结果就必须修正为 $K_{cm} \geqslant 170.3$ keV。

2.4.2.3 核的量子力学效应

正确的聚变截面必须考虑核的量子力学效应,这是因为核相互作用最强烈的区域是在原子核线度的尺度上。在如此小的尺度上,经典物理学计算也需要考虑量子力学效应。

在原子核长度尺度上最重要的效应是核表现出波粒二象性,也就是说,核既表现为波,同时又是粒子。这种波特性使得必须在简单经典硬球模型基础上引入 3 点量子修正。

(1) 在量子力学起作用的地方,隧道效应开始突显。隧道效应的一个简单例子是声波在吸声材料的表面反射。即使这种吸声材料对声波完全无损耗,但声波仍然可以穿透材料内部一定深度,尽管幅度呈指数形式衰减。如果吸声材料足够薄,那么声能将会出现在它的背面,也就是说材料被能量"隧穿"了。从截面的角度说,"隧穿"相当于势垒穿透。换句话说,即使动能低于库仑势垒,也仍然会发生一定的相互作用。170.3 keV 并不是很高的截止能量。从直观上看,动能越低于截止能量,相互作用的概率也越低。

(2) 在原子核的距离上,两个原子核实际上可以相互穿越。原子核的相互作用可以看成两支密切耦合的波的相互作用。如果粒子(波)的相对速度越大(即 $K_{cm} \gg 170.3$ keV),那么这种紧密耦合相互作用的时间就越短,从而聚变碰撞的概率也就越低。所以,随着相对速度的增加,聚变截面将很快变小。

(3) 波动效应的最后 1 项修正就是共振频率。在一定几何位形和相对速度的条件下,两个碰撞原子核的结合势能可以产生共振。共振的结果是在这种条件下,核反应的概率将增加,因此聚变截面相应增大。这正是 D-T 相互作用的情形。

图 2-34 简要说明了这 3 项波动修正,并与经典图像图 2-33 进行了比较。实际聚变反应的截面是由实验确定的。实验时,通常是让一束单能粒子(这里是氘原子)射向静止的靶。图 2-35 绘出了 3 种主要轻核聚变反应的实验截面对氘原子动能(不是相对论性质的能量)的关系曲线。由图 2-35 可以看出,三条曲线都表现出图 2-34 所示的量子行为。

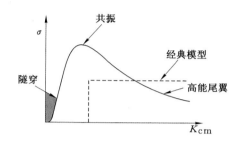

图 2-34　经过量子力学修正的聚变截面曲线

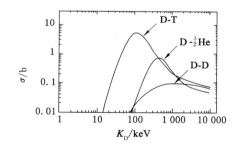

图 2-35　实验测得的 D-T、D-$\frac{3}{2}$He 与 D-D 反应的截面与氘原子

动能 $K_D = \frac{1}{2} m_D v_D^2$ 的关系曲线

2.4.2.4　聚变截面另一解释——"核基态概率(波函数)半径球"解释法

在此,利用原子核基态概率(波函数)半径等效球碰撞的方法,来对聚变实验截面数据进行分析解读。

如图 2-36 所示,一个入射氘核概率(波函数)等效球束,以速度 v 射向氘核概率(波函数)等效球靶。当两球以相切的姿态相遇,氘核的概率(波函数)半径=14 263 fm,相当于氘核基态半径 4.055 fm 的 3 517 倍。如图 2-36(a)所示,因为此时两个概率球相切,其碰撞概率为零,这很容易理解。如图 2-36(b)所示,只有两个概率球体中心距离小于 2 倍单球半径时,在投影面上,两球阴影才有重合之处,也就是说,两球等效质心距 d 小于 $2 \times 14\ 263 \times 10^{-15}$ m 时,就具有两核聚变的概率。

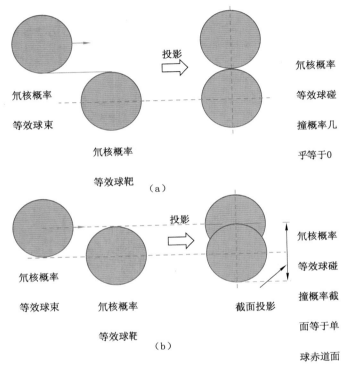

图 2-36 聚变截面的原子核概率(波函数)半径解释示意图

根据方程式(2-28)可以轻易解出,D-D 反应时,

$$K_{\mathrm{cm,D\text{-}D}} > 0.05 \text{ keV}$$

同理可以得出,D-T 反应时,

$$K_{\mathrm{cm,D\text{-}T}} > 0.08 \text{ keV}$$

也就是说只要氘核运动能量大于 0.05 keV,D-D 就有机会聚变成功。只是氘核运动能量越靠近 0.05 keV,氘核碰撞概率越小,几乎趋向于零。而当两球完全正面相撞时,即等效质心距趋于零时,两球碰撞聚变概率最大;而两球质心距开始从零趋大时,两球碰撞聚变概率又开始变小。当靶换成氘核,氘核仍为入射粒子时,其计算与分析方法相同,在此不再累述。D-D 聚变数据与三参

数拟合(实线)的比较见图 2-37,D-T 聚变实验数据与三参数拟合(实线)的比较见图 2-38。但是需要说明,此处毕竟是核基态概率(波函数)球,内部体积绝大多数是真空,所以入射核有极大概率"穿概率球(核)而过",并不能说明一定会聚变成功。所以当原子核速度(能量)较低时,因电磁斥力作用,出现散射,两原子核碰撞概率相对较低;当原子核速度(能量)太高时,相对较近但吸引核力又不足以"钳制"住飞来之核,"擦肩而过",而痛失"碰撞"机会。只有"居中"速度(能量)或者说两个"基态半径球"相向而行的原子核才有最多机会相撞成功。这正与实验数据中聚变截面曲线有"峰值"相吻合。

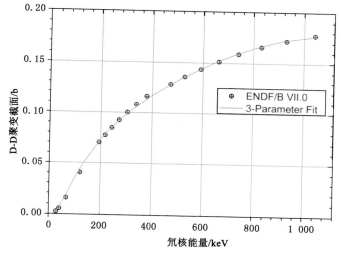

图 2-37　D-D 聚变数据与三参数拟合(实线)的比较

这里需要特别说明的是:这两个互相侵入波函数(基态概率)"球体"的原子核,除了外部场给予了它们动能 $E_{外场}$ 之外,这两个概率球体的"基态半径球"都处于波函数(基态概率)"球体"球心时,其势能 E_p 也就都转化为了动能 E_k,这时候 E_k 达到了最大值。这时如果发生的原子核的"基态半径球""相对正面相撞",这就有原子核相互撞击的能量计算方程式存在。其具体方程为:

$$E_{总入射能} = E_{1外场} + E_{2外场} + E_{1k} + E_{2k} \tag{2-29}$$

这个方程式充分揭示了以下机理。两个相遇的原子核,首先接受外部场(比如温度场、电场)提供的能量,但该能量往往不一定很大(比如 $K_{cm,D-D} > 0.05$ keV;$K_{cm,D-T} > 0.08$ keV),只要能相互突入对方的波函数(基态概率)半径"球体",就有概率相撞成功,而相撞的真正入射相对总能量,除了外部施加的($E_{1外场} + E_{2外场}$)之外,还包括两个原子核"基态半径球"固有的动能($E_{1k} +$

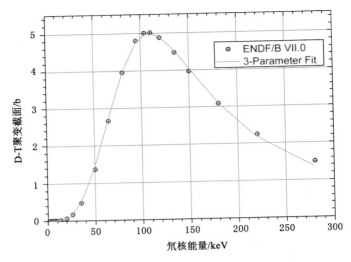

图 2-38　D-T 聚变实验数据与三参数拟合（实线）的比较

E_{2k}），不仅如此，两个原子核"基态半径球"固有的动能还存在最大值（E_{1kmax} ＋ E_{2kmax}），也就是说只要 $E_{总入射能}$ 大于等于门槛值（E_0），就有可以相撞成功。

　　图 2-34、图 2-35、图 2-37、图 2-38 中标注的入射能量横坐标值只是计量的外部施加的值 $E_{1外场}$ ＋ $E_{2外场}$ 值，而没有包括两个原子核"基态半径球"固有的动能（E_{1k} ＋ E_{2k}），而往往后者数值大于前者，甚至大于前者几个数量级。这就非常有必要考虑这个问题了。

　　比如在 2.7.3 章节中介绍的 D-T 在 6 500 V 电场中，氘核和氚核都获得 $E_{外场}$ ＝6.487 keV 的能量，而在前面计算中已经得出，氘核和氚核在"波函数（基态概率）半径球"中的最大动能值分别是 $E_{D.kmax}$ ＝19.6 keV 和 $E_{T.kmax}$ ＝35.28 keV。

　　方程式（2-29）是在没有考虑共振的条件下得出的。下面继续分析。在两个原子核互相侵入对方的波函数（基态概率）半径"球体"后，达到在某一个特定距离时，两个原子核"基态半径球"就会发生共振。共振（resonance）是物理学上的一个运用频率非常高的专业术语，是指一物理系统在特定频率下，比其他频率以更大的振幅做振动的情形。

　　依据前面方程式可知：$E_k + E_p = \dfrac{1}{2}KA^2$。

　　共振后原子核"基态半径球"的动能最大值 $E_{kmax} = \dfrac{1}{2}K(A_{max})^2$，由此得出：计算真实原子核相撞总撞击能量的方程式（2-30）。

$$E_{总等效入射能量} = E_{1外场} + E_{2外场} + E_{1k共振max} + E_{2k共振max} \tag{2-30}$$

这里,假如共振后,原子核"基态半径球"的振幅增加 1 倍,即 $E_{k共振max} = 4E_k$。

显然,以 D 与 T 相撞为例,当存在 6 500 V 电场时,则

$$E_{外场} = 6.487 \text{ keV} \times 2 = 12.974 \text{ keV}$$

假如共振后,D-T 原子核"基态半径球"的振幅增加 0.3 倍,则

$$E_{Dk共振max} = 19.6 \text{ keV} \times 1.69 = 33.1 \text{ keV}$$

$$E_{Tk共振max} = 80.83 \text{ keV} \times 1.69 = 136.6 \text{ keV}$$

则

$E_{总等效入射能量} = 12.97 \text{ keV} + 33.1 \text{ keV} + 136.6 \text{ keV} = 182.7 \text{ keV} > 170.3$ keV 即大于 D-T 经典力学中原子核相撞能量门槛值。

也就是说,即使 $E_{外场}$ 等于 0.6 keV 时,上式计算值 170.3 keV = 等于经典 D-D 相撞门槛值 170.3 keV,D-T 仍会相撞成功。

显然,共振效应对于核反应的重要性是不言而喻的,与实验得出的图 2-37 至图 2-39 非常吻合。

图 2-39 是下边 7 个有代表性的轻核聚变反应截面与能量关系实验数据(曲线),从图上也可以看出这几个反应的难易相对难度。

$$D + T \rightarrow \alpha(3.5 \text{ MeV}) + n(14.1 \text{ MeV})$$

$$D + D \rightarrow T(1.01 \text{ MeV}) + p(3.02 \text{ MeV}) \qquad 50\%$$

$$D + D \rightarrow {}^3He(0.82 \text{ MeV}) + n(2.45 \text{ MeV}) \qquad 50\%$$

$$D + {}^3He \rightarrow \alpha(3.6 \text{ MeV}) + p(1.47 \text{ MeV})$$

$${}^3He + {}^3He \rightarrow 2p + \alpha + 14.7 \text{ MeV}$$

$$T + {}^3He \rightarrow n + p + \alpha + 12.1 \text{ MeV} \qquad 59\%$$

$$T + {}^3He \rightarrow D(9.52 \text{ MeV}) + \alpha(4.8 \text{ MeV}) \qquad 41\%$$

$$T + T \rightarrow 2n + \alpha + 11.3 \text{ MeV}$$

$$p + {}^{11}B \rightarrow 3\alpha + 8.7 \text{ MeV}$$

显然,发生核聚变的条件,必须使得两个原子核间距进入 10^{-15} m 数量级,其实现方法有两种:一是利用电磁场加速原子核;二是把原子核温度加热到 $10^7 \sim 10^8$ K 数量级。不管采用哪种方法,只要将原子核能量提高到 $1 \sim 20$ keV,D-T、D-D、T-T、$D-\frac{3}{2}He$ 等聚变反应就基本上可以实现了。

这里有一个非常重要的事需要说明。如图 2-39 所示,每一个核反应的聚变反应截面 σ 都有一个最大值,这里就是指正面相撞的概率。原因上面已经解释清楚。σ_{D-T} 最大值出现在入射功率(外场提供能量)65 $\sim$ 70 keV 处,这是外场提供的能量值。这个值非常有意思。通过理论计算得出:入射原子核 D

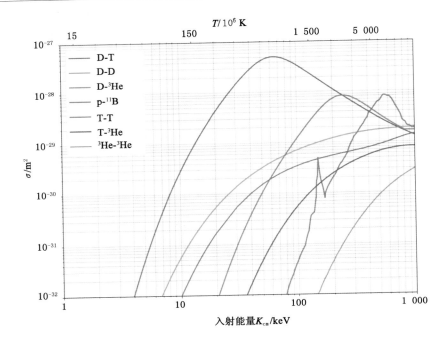

图 2-39　7 个有代表性的轻核聚变截面与入射能量关系实验数据(曲线)

核波函数中的等效基态半径球的最大动能为 19.6 keV(见第 2.3.2 节),靶核 T 核波函数中的等效基态半径球的最大动能为 80.83 keV(见第 2.3.3 节),三者之和为 165~170.4 keV,这与 D-T 聚变反应计算得出的"经典力学判据" 170.3 keV 值的吻合度高达 97%~99.8%。也就是说,目前世界公认了几十年的实验数据居然与今天理论计算与推导出的 D-T 聚变的正面相撞最大概率的能量值及经典力学计算值吻合度如此之高。这就充分说明了几十年前学者的实验数据支持并直接印证了今天理论计算与推导的过程和结果的可信度与正确性。

2.5　中子核反应与 γ 射线的产生

2.5.1　中子的特点

由 2.4 节已经知道下面 3 个轻核反应方程式,分别产生较高能量的中子

n(14.1 MeV)、n(2.45 MeV)和质子 p(14.7 MeV)、p(3.02 MeV)。下面首先介绍中子。

$$D + T \rightarrow {}_2^4He(3.5\ MeV) + n(14.1\ MeV)$$

$$D + D \rightarrow T(1.01\ MeV) + p(3.02\ MeV)50\%$$

$$D + D \rightarrow {}_2^3He(0.82\ MeV) + n(2.45\ MeV)50\%$$

$$D + {}_2^3He \rightarrow {}_2^4He(3.6\ MeV) + p(14.7\ MeV)$$

自由中子的状态是不稳定的。一个自由中子会自发地转变成一个质子、一个电子和一个反中微子,并释放出 0.782 MeV 的能量。自由中子的半衰期为(10.61±0.16)min。自由中子的不稳定性反映出中子静止质量稍大于氢原子质量的这个事实。若以 c 表示光子在真空中的速度,则自由中子的静止质量为 $m_n = 1.008\ 664\ 9\ u = 939.565\ 3\ MeV/c^2$,则氢原子静止质量为 $m_H = 1.007\ 825\ u = 938.782\ 0\ MeV/c^2$。在工程计算中,通常近似地取中子的静止质量为 1 u。

由于中子是电中性的,所以中子遇到带正电荷的原子核时,并没有库仑势垒问题。中子具有强穿透能力。中子与物质中原子的电子相互作用很小,基本上不会因原子电离和激发而损失能量,因而中子比相同能量的带电粒子具有强得多的穿透能力。中子在物质中损失能量见表 2-5。

表 2-5　中子与各种质量数的核发生核反应的特性

	热中子 0~1 eV	中能中子 1 eV~0.1 MeV	快中子 0.1 MeV~10 MeV
轻核 $A<30$	(n,n)	(n,n) (n,p)	(n,n) (n,p) (n,α)
中等质量核 $30 \leqslant A \leqslant 90$	(n,n) (n,γ)	(n,n) (n,γ)*	(n,n) (n,n') (n,p) (n,α)*
重核 $A>90$	(n,γ) (n,n)* (n,n)**	(n,n) (n,γ)* (n,f)**	(n,n) (n,n') (n,p) (n,γ) (n,f)**

注:反应符号右上角"＊"表示有共振;反应符号右上角"＊＊"表示仅针对裂变同位素。

中子与其他粒子一样,具有波粒两重性。能量为 $E(\mathrm{eV})$ 的中子,其波长 λ 为:

$$\lambda = \frac{2.86 \times 10^{-11}}{\sqrt{E}}(\mathrm{m}) \qquad (2\text{-}31)$$

2.5.2　中子与原子核相互作用分类

势散射、直接相互作用和复合核形成,是中子与原子核相互作用的三种方式。

（1）势散射

势散射是最简单的核反应,如图 2-40 所示。势散射是中子波和核表面势相互作用的结果。发生势散射时,中子并未进入靶核。任何能量的中子都可能引起这种反应。这种作用的特点是:势散射前后靶核系统的内能没有变化。入射中子把它的一部分或全部动能传给靶核,成为靶核的动能。发生势散射后,中子改变了运动方向和能量。发生势散射前后中子与靶核系统的动能和动量守恒。势散射是一种弹性散射。

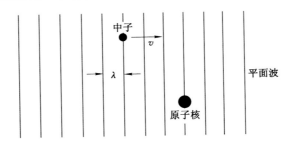

图 2-40　势散射示意图

（2）直接相互作用

入射中子直接与靶核内的某个核子碰撞,使这个核子从核里发射出来,而中子却留在了靶核内。如果从靶核里发射出来的核子是质子,这就是直接相互作用的反应。用符号(n,p)表述此反应过程。如果从核里发射出来的核子是中子,而靶核发射 γ 射线,同时靶核由激发态(或热能态)返回基态(稳定态),这就是直接非弹性散射过程。

（3）复合核形成

复合核形成(见图 2-41)是中子与原子核相互作用的最重要方式。在复合核形成过程中,入射中子被靶核 ${}^{A}_{Z}X$ 吸收,形成一个新的核——复合

核 $_Z^{A+1}X$。

在这个过程中,中子和靶核两者在它们质心坐标系中的总动能 E_{tk} 就转化为复合核的内能 E_i,同时中子与靶核的结合能 E_b 也给了复合核。于是复合核处于基态以上的激发态(或激发能级),其具备的能量为 $E_{tk}+E_b$(如图 2-41 所示)。然后,经过一个较短时间,复合核衰变或分解放出一个粒子(或一个光子),并留下一个余核(或反冲核)。以上两个阶段可写成以下形式。

① 复合核形成:

$$中子 ＋ 靶核[_Z^A X] \rightarrow 复合核[_Z^{A+1} X] \tag{2-32}$$

② 复合核衰变或分解:

$$复合核[_Z^{A+1} X]^* \rightarrow 反冲核 ＋ 散射粒子 \tag{2-33}$$

式(2-33)中的上标"＊"号表示复合核处于激发态。

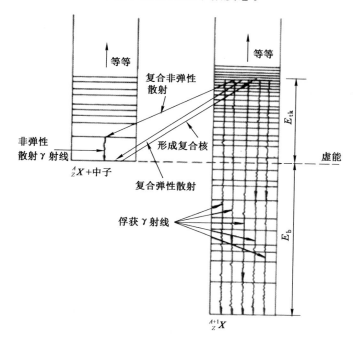

图 2-41　复合核的形成和衰变(或分解)

在中子与原子核作用的三种方式中,根据中子与靶核相互作用结果的不同,一般将中子与原子核的相互作用类型分为两大类。

① 散射:包括弹性散射和非弹性散射。其中弹性散射又可分为共振弹性

散射和势散射。

② 吸收:包括辐射俘获、核裂变、(n,α)反应和(n,p)反应等。

2.5.3　中子与原子核相互作用的两种重要类型

2.5.3.1　散射

散射是使中子慢化(即使中子的动能减小)的主要核反应过程。它分为非弹性散射和弹性散射两种。

(1) 弹性散射

弹性散射还可分为共振弹性散射和势散射两种。势散射过程没有复合核形成的过程。共振弹性散射有复合核形成的过程,但是仅特定能量的中子才能发生共振弹性散射。

弹性散射的反应式为:

$$_Z^A X + _0^1 n \rightarrow (_Z^{A+1} X)^* \rightarrow _Z^A X + _0^1 n \tag{2-34}$$

$$_Z^A X + _0^1 n \rightarrow _Z^A X + _0^1 n \tag{2-35}$$

其中,式(2-34)表示共振弹性散射,式(2-35)表示势散射。

在弹性散射过程中,散射后靶核的内能没有变化,它仍保持在基态。由于散射前后中子与靶核系统的动能和动量是守恒的,所以可以把这一过程看作"弹性球"式的碰撞。根据动能和动量守恒,可用经典力学的方法来处理这个过程。

在热中子反应堆内,对中子从高能慢化到低能的过程中起作用的是弹性散射。

(2) 非弹性散射

非弹性散射的反应式为:

$$_Z^A X + _0^1 n \rightarrow (_Z^{A+1} X)^* \rightarrow (_Z^A X)^* + _0^1 n$$
$$\downarrow$$
$$_Z^A X + \gamma \tag{2-36}$$

在非弹性散射过程中,入射中子的绝大部分动能转变成靶核的内能,使靶核处于激发态,然后靶核通过放出中子并发射 γ 射线而返回基态。散射前后中子与靶核系统的动量守恒,但动能不守恒。只有当入射中子的动能高于靶核的第一激发态的能量时才有可能使靶核激发。也就是说,只有入射中子的能量高于某一阈值时才可能发生非弹性散射。非弹性散射具有阈能的特点。

一般来说,轻核激发态的能量高,重核激发态的能量低。即使对于像 $_{92}^{238} U$ 这样的重核,中子也至少必须具有 45 keV 以上的能量才能与之发生非弹性散射。只有在快中子反应堆中，非弹性散射过程才是重要的。

在热中子反应堆中，由于裂变中子的能量在兆电子伏范围内，因此在高能中子区仍会发生一些非弹性散射现象。但是，中子能量会很快降到非弹性散射阈能以下，往后中子便需借助弹性散射来进一步慢化。

2.5.3.2　吸收

由于中子吸收反应结果是中子消失，因此中子吸收反应对反应堆内的中子平衡起着重要作用。中子吸收反应包括(n,γ)，(n,α)和(n,p)，(n,f)这四种类别的反应。

（1）辐射俘获(n,γ)

辐射俘获是最常见的中子吸收反应。辐射俘获生成的新核是靶核的同位素。辐射俘获可以对所有能量的中子发生，但低能中子与中等质量核和重核作用时易发生这种反应。典型的示例如下：

$$^{238}_{92}U + ^{1}_{0}n \rightarrow ^{239}_{92}U + \gamma$$

$$^{239}_{92}U \xrightarrow[23\ min]{\beta^-} ^{239}_{93}Np \xrightarrow[2.3\ d]{\beta^-} ^{239}_{94}Pu$$

^{239}Pu 在自然界是不存在的，它是一种人工易裂变材料。^{238}U 在自然界蕴藏量是很丰富的。因此上述反应过程对于铀资源的利用的非常重要的。像上述的 ^{238}U 通过辅射俘获能转换成易裂变材料。因此，^{238}U 被称为可裂变同位素。这个反应过程对核燃料的转换、增殖和原子能的利用有重大的意义。

中子与 $^{1}_{1}H$ 核的辐射俘获反应式为：

$$^{1}_{1}H + ^{1}_{0}n \rightarrow ^{2}_{1}H + \gamma$$

此反应放出高能 γ 射线（释放能量大于 2.2 MeV）。

中子与 $^{14}_{7}N$ 核的辐射俘获反应式为：

$$^{14}_{7}N + ^{1}_{0}n \rightarrow ^{15}_{7}N + \gamma$$

捕获中子的原子核迅速发出多条去激发态 γ 射线，其核反应见式(2-33)。理论俘获速率以 56 ms 的时间尺度呈指数衰减，这与在亚秒余辉中观察到的 40～60 ms 的衰减常数是一致的。此外，空气中的 ^{40}Ar 在辐射俘获反应后，生成半衰期为 1.82 h 的 ^{41}Ar 等。

中子和原子核发生辐射俘获反应的截面可用 $\sigma(n,\gamma)$ 表示，反应截面大小和中子能量 E_n 及质量数 A 有关。截面随着中子能量的增加而减小，随着靶核质量数的增大而增大。当低能中子和重核发生作用时，主要是发生(n,γ)反应。

表 2-6 所列是几种常用核素热中子俘获截面。

表 2-6　几种常用核素热中子俘获截面

元素	总截面/b	吸收截面/b	散射截面/b	放出 γ 射线能量/MeV
H	$20 \sim 80$	0.32	$20 \sim 80$	2.23
He	1.56	0.008	1.55	
C	4.8	0.0045	4.8	4.95,4.05,3.05
N	12.8	1.5	11.2	,
O	4.2	$<0.000\ 9$	4.2	
S	1.6	0.47	1.1	5.43,4.89

（2）(n,α)反应和(n,p)反应

(n,α)反应示例为：

$$_{5}^{10}B + _{0}^{1}n \rightarrow _{3}^{7}Li + _{2}^{4}He$$

(n,p)反应示例为：

$$_{8}^{16}O + _{0}^{1}n \rightarrow _{7}^{16}N + _{1}^{1}H$$

氧吸收中子后释放质子,生成的$_{7}^{16}N$的半衰期为 7.3 s。它放出 β 和 γ 射线。

（3）(n,f)反应

核裂变是裂变反应堆中最重要的核反应。目前,热中子反应堆中最常用的核燃料是易裂变同位素^{235}U。

$$_{92}^{235}U + _{0}^{1}n \rightarrow (_{92}^{236}U)^{*} \rightarrow _{Z_1}^{A_1}X + _{Z_2}^{A_2}Y + v_0^1n \qquad (2\text{-}37)$$

$$_{92}^{235}U + _{0}^{1}n \rightarrow (_{92}^{236}U)^{*} \rightarrow _{92}^{236}U + \gamma \qquad (2\text{-}38)$$

式(2-37)中右边的$_{Z_1}^{A_1}X$、$_{Z_2}^{A_2}Y$为中等质量数的核,称为裂变碎片；v为每次裂变的中子产额。在此过程约释放 200 MeV 的能量。式(2-38)表明,^{235}U核吸收中子后并不能发生核裂变,有时可能发生辐射俘获反应。

2.6　质子核反应与 γ 射线的产生

上节中已经介绍了三个基本的 D-T、D-D 与 D-$_2^3$He 轻核聚变中有高能的$_1^1H$(3.02 MeV)与$_1^1H$(14.7 MeV)产生,在环境中只要存在 H、C、N、O 核素,就注定会出现下面的链式反应,并且会陆续有不同能量的 γ 射线产生。

2.6.1　CNO-Ⅰ循环

CNO-Ⅰ循环总序列为：

$$^{12}_{6}C \rightarrow ^{13}_{7}N \rightarrow ^{13}_{6}C \rightarrow ^{14}_{7}N \rightarrow ^{15}_{8}O \rightarrow ^{15}_{7}N \rightarrow ^{12}_{6}C$$

该循环具体描述为:

$$^{12}_{6}C + ^{1}_{1}H \rightarrow ^{13}_{7}N + \gamma \qquad +1.95 \text{ MeV}$$

$$^{13}_{7}N + ^{1}_{1}H \rightarrow ^{13}_{6}C + e^{+} + \nu_{e} +1.20 \text{ MeV(半衰期 9.965 min)}$$

$$^{13}_{6}C + ^{1}_{1}H \rightarrow ^{14}_{7}N + \gamma \qquad +7.54 \text{ MeV}$$

$$^{14}_{7}N + ^{1}_{1}H \rightarrow ^{15}_{8}O + \gamma \qquad +7.35 \text{ MeV}$$

$$^{15}_{8}O + ^{1}_{1}H \rightarrow ^{15}_{7}N + e^{+} + \nu_{e} +1.73 \text{ MeV(半衰期 2.034 min)}$$

$$^{15}_{7}N + ^{1}_{1}H \rightarrow ^{12}_{6}C + ^{4}_{2}He \qquad +4.96 \text{ MeV}$$

2.6.2 CNO-II 循环

CNO-II 循环总序列为:

$$^{15}_{7}N \rightarrow ^{16}_{8}O \rightarrow ^{17}_{9}F \rightarrow ^{17}_{8}O \rightarrow ^{14}_{7}N \rightarrow ^{15}_{8}O \rightarrow ^{15}_{7}N$$

该循环具体描述为:

$$^{15}_{6}C + ^{1}_{1}H \rightarrow ^{16}_{8}O + \gamma \qquad +12.13 \text{ MeV}$$

$$^{16}_{8}N + ^{1}_{1}H \rightarrow ^{17}_{9}F + \gamma \qquad +0.06 \text{ MeV}$$

$$^{17}_{9}F + ^{1}_{1}H \rightarrow ^{17}_{8}O + e^{+} + \nu_{e} +2.76 \text{ MeV(半衰期 64.49 s)}$$

$$^{14}_{7}N + ^{1}_{1}H \rightarrow ^{15}_{8}O + \gamma \qquad +7.35 \text{ MeV}$$

$$^{15}_{8}O + ^{1}_{1}H \rightarrow ^{15}_{7}N + e^{+} + \nu_{e} +2.75 \text{ MeV(半衰期 122.24 s)}$$

2.6.3 CNO-III 循环

CNO-III 循环总序列为:

$$^{17}_{8}O \rightarrow ^{18}_{9}F \rightarrow ^{18}_{8}O \rightarrow ^{15}_{7}N \rightarrow ^{16}_{8}O \rightarrow ^{17}_{9}F \rightarrow ^{17}_{8}O$$

该循环具体描述为:

$$^{17}_{8}C + ^{1}_{1}H \rightarrow ^{18}_{9}F + \gamma \qquad +5.61 \text{ MeV}$$

$$^{18}_{9}F + ^{1}_{1}H \rightarrow ^{18}_{8}O + e^{+} + \nu_{e} +1.656 \text{ MeV(半衰期 109.771 min)}$$

$$^{18}_{8}O + ^{1}_{1}H \rightarrow ^{15}_{7}N + ^{4}_{2}He \qquad +3.98 \text{ MeV}$$

$$^{15}_{7}N + ^{1}_{1}H \rightarrow ^{16}_{8}O + \gamma \qquad +12.13 \text{ MeV}$$

$$^{16}_{8}N + ^{1}_{1}H \rightarrow ^{17}_{9}F + \gamma \qquad +0.60 \text{ MeV}$$

$$^{17}_{9}O + ^{1}_{1}H \rightarrow ^{17}_{8}O + e^{+} + \nu_{e} +2.76 \text{ MeV(半衰期 64.49 s)}$$

2.6.4 CNO-IV 循环

CNO-IV 循环总序列为:

$$^{18}_{8}O \rightarrow ^{19}_{9}F \rightarrow ^{16}_{8}O \rightarrow ^{17}_{9}F \rightarrow ^{17}_{8}O \rightarrow ^{18}_{9}F \rightarrow ^{18}_{8}O$$

该循环具体描述为：

$$^{18}_{8}C + ^{1}_{1}H \rightarrow ^{19}_{9}F + \gamma \qquad +7.994 \text{ MeV}$$

$$^{19}_{9}F + ^{1}_{1}H \rightarrow ^{16}_{8}O + ^{4}_{2}H \qquad +8.114 \text{ MeV}$$

$$^{16}_{8}O + ^{1}_{1}H \rightarrow ^{17}_{9}F + \gamma \qquad +0.60 \text{ MeV}$$

$$^{17}_{9}F + ^{1}_{1}H \rightarrow ^{17}_{8}O + e^{+} + \nu_{e} + 2.76 \text{ MeV（半衰期 } 64.49 \text{ s）}$$

$$^{17}_{8}N + ^{1}_{1}H \rightarrow ^{18}_{9}F + \gamma \qquad +5.61 \text{ MeV}$$

$$^{18}_{9}O + ^{1}_{1}H \rightarrow ^{18}_{8}O + e^{+} + \nu_{e} + 1.656 \text{ MeV（半衰期 } 109.771 \text{ min）}$$

2.6.5 HCNO-Ⅰ循环

CNO-I循环和 HCNO-I循环的不同之处在于，$^{13}_{7}N$ 捕获了一个质子，而不是衰变，导致了其总序列发生了变化。HCNO-I循环总序列为：

$$^{12}_{6}C \rightarrow ^{13}_{7}N \rightarrow ^{14}_{8}O \rightarrow ^{14}_{7}N \rightarrow ^{15}_{8}O \rightarrow ^{15}_{7}N \rightarrow ^{12}_{6}C$$

该循环具体描述为：

$$^{12}_{6}C + ^{1}_{1}H \rightarrow ^{13}_{7}N + \gamma \qquad +1.95 \text{ MeV}$$

$$^{13}_{7}N + ^{1}_{1}H \rightarrow ^{14}_{8}O + \gamma \qquad +4.63 \text{ MeV}$$

$$^{14}_{8}O + ^{1}_{1}H \rightarrow ^{14}_{7}N + e^{+} + \nu_{e} \quad +5.14 \text{ MeV（半衰期 } 70.641 \text{ s）}$$

$$^{14}_{7}N + ^{1}_{1}H \rightarrow ^{15}_{8}O + \gamma \qquad +7.35 \text{ MeV}$$

$$^{15}_{8}O + ^{1}_{1}H \rightarrow ^{15}_{7}N + e^{+} + \nu_{e} \quad +2.75 \text{ MeV（半衰期 } 122.24 \text{ s）}$$

$$^{15}_{7}N + ^{1}_{1}H \rightarrow ^{12}_{6}C + ^{4}_{2}He \qquad +4.96 \text{ MeV}$$

2.6.6 HCNO-Ⅱ循环

CNO-Ⅱ循环和 HCNO-Ⅱ循环的显著不同之处在于，$^{17}_{9}F$ 捕获了一个质子，而不是衰变，而在$^{18}_{9}F$ 的后续反应中产生了 Ne，导致其序列发生了变化。HCNO-Ⅱ循环总序列为：

$$^{15}_{7}N \rightarrow ^{16}_{8}O \rightarrow ^{17}_{9}F \rightarrow ^{18}_{10}Ne \rightarrow ^{18}_{9}F \rightarrow ^{15}_{8}O \rightarrow ^{15}_{7}N$$

该循环具体描述为：

$$^{15}_{7}C + ^{1}_{1}H \rightarrow ^{16}_{8}O + \gamma \qquad +12.13 \text{ MeV}$$

$$^{16}_{8}N + ^{1}_{1}H \rightarrow ^{17}_{9}F + \gamma \qquad +0.60 \text{ MeV}$$

$$^{17}_{9}O + ^{1}_{1}H \rightarrow ^{18}_{10}Ne + \gamma \qquad +3.92 \text{ MeV}$$

$$^{18}_{10}Ne + ^{1}_{1}H \rightarrow ^{18}_{9}F + e^{+} + \nu_{e} \quad +4.44 \text{ MeV（半衰期 } 1.672 \text{ s）}$$

$$^{18}_{9}F + ^{1}_{1}H \rightarrow ^{15}_{8}O + ^{4}_{2}He \qquad +2.88 \text{ MeV}$$

$$^{15}_{8}O + ^{1}_{1}H \rightarrow ^{15}_{7}N + e^{+} + \nu_{e} \quad +2.75 \text{ MeV（半衰期 } 122.24 \text{ s）}$$

2.6.7　HCNO-Ⅲ循环

HCNO-Ⅱ循环的另一种选择是，$^{18}_{9}F$ 捕获了一个向更高质量移动的质子，并使用了与 CNO-Ⅳ循环相同的氦产生机制。HCNO-Ⅲ循环总序列为：

$$^{18}_{9}N \rightarrow {}^{19}_{10}Ne \rightarrow {}^{19}_{9}F \rightarrow {}^{16}_{8}O \rightarrow {}^{17}_{9}F \rightarrow {}^{18}_{10}Ne \rightarrow {}^{18}_{9}F$$

该循环具体描述为：

$$^{18}_{9}F + {}^{1}_{1}H \rightarrow {}^{19}_{10}Ne + \gamma \qquad +6.41\ MeV$$

$$^{19}_{10}Ne + {}^{1}_{1}H \rightarrow {}^{19}_{9}F + e^{+} + \nu_{e} \qquad +3.32\ MeV（半衰期 17.22\ s）$$

$$^{19}_{9}F + {}^{1}_{1}H \rightarrow {}^{16}_{8}O + {}^{4}_{2}He \qquad +8.11\ MeV$$

$$^{16}_{8}O + {}^{1}_{1}H \rightarrow {}^{17}_{9}F + \gamma \qquad +0.60\ MeV$$

$$^{17}_{9}F + {}^{1}_{1}H \rightarrow {}^{18}_{10}Ne + \gamma \qquad +3.92\ MeV$$

$$^{18}_{10}Ne + {}^{1}_{1}H \rightarrow {}^{18}_{9}F + e^{+} + \nu_{e} \qquad +4.44\ MeV（半衰期 1.672\ s）$$

2.7　常压空气滑动弧等离子体场设计与效果

图 2-42 是作者设计的一个空气滑动弧等离子体发生器现场照片。该等离子体发生器的技术参数为：电源频率 3 000 Hz，空载相电压 3 000 V，线电压 3 000 V$\times\sqrt{3}\approx$5 200 V。需要特别强调的是，作者非常难得地抓拍到最长滑动弧消失结束时刻仍然滞留的可见电弧残留痕迹，如图 2-42 所示。

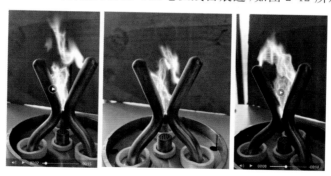

图 2-42　空气滑动弧等离子体发生器

2.7.1　空气等离子体

空气是混合物。空气成分是很复杂的。空气的恒定成分主要包括氮气、氧气以及稀有气体，这些成分之所以几乎不变，主要是自然界各种变化相互补偿的结果。空气的可变成分是二氧化碳和水蒸气。空气中水汽含量跟大气温度有直接的关系，气温越高，水汽溶解度越大，其含量也越高，也就是湿度越大，因此，夏季与低纬气温较高，所以水汽含量也较多。

元素氮有 3 个同位素，其分别是 $_7^{13}N$、$_7^{14}N$、$_7^{15}N$。后两种是稳定的（非放射性）氮同位素。在空气中，$_7^{15}N/_7^{14}N=0.00368$。

氧元素主要有 3 种同位素，其分别是 $_8^{16}O$、$_8^{17}O$ 与 $_8^{18}O$，其相对丰度分别是 99.756%、0.039% 和 0.205%。

$_8^{13}N$ 和 $_8^{15}O$ 可以由 γ 射线（例如从闪电产生）把 $_7^{14}N$ 和 $_8^{16}O$ 的一个中子轰出去而得到。

$$_7^{14}N + \gamma \rightarrow _7^{13}N + n; _8^{16}O + \gamma \rightarrow _8^{15}O + n$$

$_7^{13}N$ 会 β^+ 衰变成 $_7^{13}C$，并发射一个正电子 e^+ 和一个中微子 ν_e，半衰期 598 s，这个正电子 e^+ 很快就和一个电子 e^- 湮灭，放出两个 0.511 MeV 的 γ 光子。同样的，$_8^{15}O$ 会 β^+ 衰变成 $_7^{15}N$，同时发射一个正电子 e^+ 和一个中微子 ν_e，半衰期 122 s，这个正电子 e^+ 很快就和一个负电子 e^- 湮灭，放出两个 0.511 MeV 的 γ 光子。

2.7.1.1　空气中主要元素电离能

表 2-7 所示是元素周期表中原子序数前 9 位元素的电离能，其单位是 kJ/mol。经过下面单位变换，可以得出表 2-8 中数据。

$$1\ kJ/mol = \frac{1\ 000}{6.22 \times 10^{23}}\ J$$

$$1\ eV = 1.602 \times 10^{-19}\ J$$

$$1\ kJ/mol = 0.01\ eV$$

$$1\ eV = 11\ 600\ K$$

表 2-7　部分元素电离能　　　　　单位：kJ/mol

序号	符号	名称	第一电离能	第二电离能	第三电离能	第四电离能	第五电离能	第六电离能	第七电离能	第八电离能	第九电离能
1	H	氢	1 312.0								
2	He	氦	2 372.3	5 250.5							
3	Li	锂	520.2	7 298.1	11 815.0						
4	Be	铍	932	1 821	15 390	21 771					
5	B	硼	800.6	2 427.1	3 659.7	25 025.8	32 826.7				
6	C	碳	1 086.5	2 352.6	4 620.5	6 222.7	37 831	47 277.0			

表 2-7(续)

序号	符号	名称	第一电离能	第二电离能	第三电离能	第四电离能	第五电离能	第六电离能	第七电离能	第八电离能	第九电离能
7	N	氮	1 402.3	2 856	4 578.1	7 475.0	9 444.9	53 266.6	64 360		
8	O	氧	1 313.9	3 388.3	5 300.5	7 469.2	10 989.5	13 326.5	71 330	84 078.0	
9	F	氟	1 681.0	3 374.2	6 050.4	8 407.4	11 022.7	15 164.1	17 868	92 038.1	106 434.3

表 2-8　部分元素电离能　　　　　　　　单位:eV

序号	符号	名称	第一电离能	第二电离能	第三电离能	第四电离能	第五电离能	第六电离能	第七电离能	第八电离能	第九电离能
1	H	氢	13.1								
2	He	氦	23.3	52.5							
3	Li	锂	5.2	73.0	118.2						
4	Be	铍	9.0	17.6	148.5	210.1					
5	B	硼	8.0	24.3	36.6	250.3	328.3				
6	C	碳	10.9	23.5	46.2	62.2	378.3	472.8			
7	N	氮	14.0	28.6	45.8	74.8	94.4	532.7	643.6		
8	O	氧	13.1	33.9	53.0	74.7	109.9	133.3	713.3	840.8	
9	F	氟	16.8	33.7	60.4	84.1	110.2	151.6	178.7	920.4	1 064.3

2.7.1.2　空气等离子体组分

在等离子体体系中,可能会存在热力学非平衡,即存在电子温度(T_e)与重粒子温度(T_h)不相等的情形。引入热力学非平衡参数 $\theta(\theta=T_e/T_h)$ 来进行分析。图 2-43 分别给出了 1 个大气压条件下 $\theta=1$ 和 $\theta=5$ 时所对应的空气等离子体组分演化情况。从图 2-43(a)中可以看出,随着温度升高,由于氧分子解离能(5.016 eV)较低而最先发生解离,所以氧原子浓度逐渐增加,同时氮分子也陆续解离,并于氧原子结合生成 NO;当温度升高到 $T_e=10\ 000$ K 左右时,氮原子浓度达到峰值;随着温度继续升高,一次电离能相当的氧原子和氮原子开始电离,导致氮原子和氧原子浓度下降;当温度身高到 $T_e=20\ 000$ K 以后,氮原子和氧原子出现二次电离和三次电离,在电离过程中,电子密度持续增加。

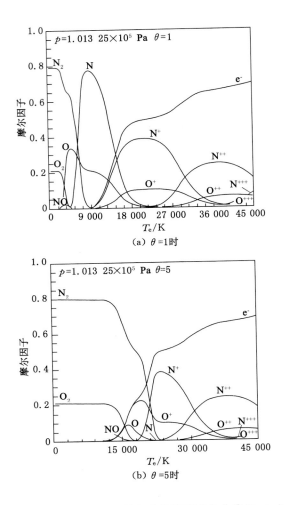

图 2-43　空气等离子体组分随温度变化曲线（1 atm）

　　对于空气中的CO_2来说，在等离子体条件下，CO_2也会分解。在大气压条件下恒定气体温度（3 000 K）、电子温度（1.0 eV＝11 600 K）和电子密度（10^{-13} cm^{-3}）时，主要粒子数密度随时间发生演化如图 2-44 所示。从图 2-44 中可以看出，随着分解反应的进行，CO_2粒子数密度逐渐降低，CO、O_2、O 粒子数密度迅速升高。在分解反应达到平衡后，各种粒子数密度保持不变。同样，当温度继续升高时，CO、O_2、O 会继续解离和陆续电离。

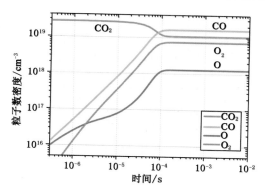

图 2-44　在大气压条件下恒定气体温度(3 000 K)、电子温度(1.0 eV＝11 600 K)和电子密度(10^{-13} cm^{-3})时,主要粒子数密度随时间发生演化

对于作为空气中不可忽视的水蒸气来说,在等离子体条件下,其又会出现什么变化呢?李志刚等结合前人对水下焊接气泡成分的测定,分析了水下焊接气泡中气体的主要解离和电离过程,对局部热力学平衡态下不同水压、不同温度的水下电弧成分进行了计算与测试;他们的研究结果表明电弧成分包括 H、H^+、C、C^+、O、O^+、O^{2+}、CO、CO^+、CO_2、CO_2^+、Fe^+、e 等组元。显然,空气在等离子体放电过程中,也不可避免地会解离与电离,而出现 H、H^+、O、O^+ 等粒子。

2.7.2　常压空气滑动弧等离子体电场设计

作为等离子体弧电源的设计,不予涉及,感兴趣的读者可以参阅作者的两本专著。在此只提供图 2-45 空气滑动弧发生器电源部分设计参数:陡降特性,空载相电压 3 750 V 左右,线电压 6 500 V 左右,以供下面计算所用。

由图 2-45 非常显著地可以看出,存在交流滑动弧放电。从电极距离最近处点火引弧启动,这时弧电压最低;随着气流的喷入,电弧沿着"轨道形"电极表面向上滑动,电弧逐渐拉长,弧电压逐渐升高;等弧电压达到电压空载电压时,电弧最长,电弧灭失;继而在电极最近处又产生新的电弧;就这样周而复始,电弧不断地产生,拉长,电弧最长时熄灭。也就是在这个等离子体弧区形成一个非均匀的梯度电场。有趣的是,在高频交流电压作用下,最长电弧尚未熄灭时,电极最近处往往就已经产生新的电弧。在图 2-39 最左边的图片中正上方的人为点划线是已消失电弧的"痕迹残留"示意图。这显然可以说明,梯度电场外缘的最大电压就是陡降特性等离子体电源的空载电压值。

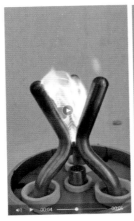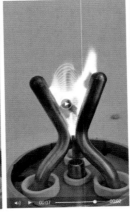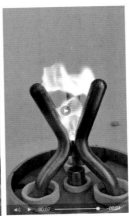

图 2-45　空气滑动弧等离子体发生器中梯度电场示意图

2.7.3　带电粒子电场中获得的功能

一个带电粒子在电场获得的动能公式为：

$$E_{\mathrm{k}} = \frac{1}{2}mv^2 = q_{\mathrm{M}}U \tag{2-39}$$

式中，q_{M} 是粒子的荷电量，单位 C；U 是电场电压值，单位 V。例如，带 1 个正电荷的粒子 M^+，在 6 500 V 电场下，可以获得动能为：

$$
\begin{aligned}
E_{\mathrm{k}} &= \frac{1}{2}mv^2 = q_{\mathrm{M}}U \\
&= 1.6 \times 10^{-19}\ \mathrm{C} \times 3\ 750 \times 1.732\ \mathrm{V} \\
&= 1.6 \times 10^{-19}\ (\mathrm{A \cdot s}) \times 3\ 750 \times 1.732\,(\mathrm{W/A}) \\
&= 1.039 \times 10^{-15}\,(\mathrm{J}) = 6.487\ (\mathrm{keV})
\end{aligned}
$$

这就特别值得关注，参考表 2-8 中元素的电离能数据，在这个非均匀梯度电场中，元素周期表中的前 9 位元素的全部电子的电离能都远小于 6.487 keV，也就是说，在此梯度电场中这 9 种元素均可以达到完全电离，即可以完全裸露出原子核。

2.7.4　部分元素原子核在电场中获得的动能

根据公式(2-39)，可以计算出各种元素原子核在电场中裸露时可以获得动能，参见表 2-9。

表 2-9　部分元素原子核在 6 500 V 电场中获得动能

原子序号	名称	元素符号	动能/keV
1	氢	H	6.5
2	氦	He	13.0
3	锂	Li	19.5
4	铍	Be	26.0
5	硼	B	32.5
6	碳	C	39.0
7	氮	N	45.5
8	氧	O	52.0
9	氟	F	58.5

2.7.5　常压空气滑动弧等离子体电场预期 γ 射线的产生

由表 2-9 中数据,可以预期在常压空气滑动弧等离子体场,会有表 2-10 中系列质子核反应,同时产生 γ 射线。

表 2-10　常压空气滑动弧等离子体电场产生 γ 射线预期相关的质子核反应

反应式	备注
$^{16}_{8}O + ^{1}_{1}H \rightarrow ^{17}_{9}F + \gamma + 0.60\,\mathrm{MeV}$	
$^{17}_{9}F \rightarrow ^{17}_{8}O + e^{+} + \nu_{e} + 2.76\,\mathrm{MeV}$	半衰期 64.49 s
$^{17}_{8}O + ^{1}_{1}H \rightarrow ^{18}_{9}F + \gamma + 5.61\,\mathrm{MeV}$	
$^{18}_{9}F \rightarrow ^{18}_{8}O + e^{+} + \nu_{e} + 1.656\,\mathrm{MeV}$	半衰期 109.77 min
$^{18}_{8}O + ^{1}_{1}H \rightarrow ^{15}_{7}N + ^{4}_{2}He + 3.98\,\mathrm{MeV}$	
$^{15}_{7}N + ^{1}_{1}H \rightarrow ^{16}_{8}O + \gamma + 12.13\,\mathrm{MeV}$	
$^{12}_{6}C + ^{1}_{1}H \rightarrow ^{13}_{7}N + \gamma + 1.95\,\mathrm{MeV}$	
$^{13}_{7}N \rightarrow ^{13}_{6}C + e^{+} + \nu_{e} + 1.20\,\mathrm{MeV}$	半衰期 9.965 min
$^{13}_{6}C + ^{1}_{1}H \rightarrow ^{14}_{7}N + \gamma + 7.54\,\mathrm{MeV}$	
$^{14}_{7}N + ^{1}_{1}H \rightarrow ^{15}_{8}O + \gamma + 7.35\,\mathrm{MeV}$	
$^{15}_{8}O \rightarrow ^{15}_{7}N + e^{+} + \nu_{e} + 1.73\,\mathrm{MeV}$	半衰期 2.034 min
$^{15}_{7}N + ^{1}_{1}H \rightarrow ^{12}_{6}C + ^{4}_{2}He + 4.96\,\mathrm{MeV}$	
$e^{+} + e^{-} \rightarrow \gamma + 0.511\,\mathrm{MeV}$	正电子湮没

2.7.6 常压空气滑动弧等离子体电场诱发光核反应的可能性

用光子轰击原子核引起的核反应,称之为光核反应。能量较低的光子(例如低于 5 MeV)一般只能把原子核激发到分立的能级,引起共振散射,其截面呈分立的峰值。能量大一些的光子能将核激发到更高能级,放出中子、质子、α粒子或引起重核的光致裂变,反应截面随光子能量而连续变化并出现宽的峰值(对轻核在 20 MeV 左右,对重核在 13 MeV 左右),称为巨偶极共振(见巨多极共振)。能量在 25 MeV 以上的光子能同核发生电四极作用。当光子能量超过 50 MeV 时,其波长已小于原子核半径,主要的吸收机制是所谓准氘核效应,即光子被核内一对质子中子吸收,类似于氘核光致分解。能量超过 150 MeV 的光子能够同核作用而产生 π 介子。

图 2-46 是日本科学家发现并证实的高空闪电激发的光核反应链示意图。由表 2-10 可以看出在空气滑动弧等离子体中,可以产生的大于 5 MeV 的 γ射线(光子)就完全有能力诱发图 2-46 中类似的光核反应。

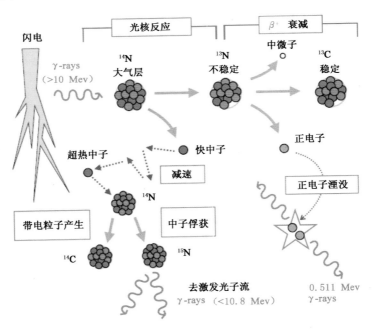

图 2-46　闪电引发的光核反应链示意图

2.8　化石燃料中氢、碳同位素

2.8.1　天然气中的氢、碳同位素

　　天然气是指自然界中存在的一类可燃性气体,是一种化石燃料,包括大气圈、水圈、和岩石圈中各种自然过程形成的气体(包括油田气、气田气、泥火山气、煤层气和生物生成气等)。而人们长期以来通用的"天然气"的定义,是从能量角度出发的狭义定义,是指天然蕴藏于地层中的烃类和非烃类气体的混合物。在石油地质学中,天然气通常是指油田气和气田气。天然气主要由气态低分子烃和非烃气体混合组成。天然气燃烧产生黄色或蓝色火焰。

　　天然气蕴藏在地下多孔隙岩层中,包括油田气、气田气、煤层气、泥火山气和生物生成气等,也有少量出于煤层。天然气是优质燃料和化工原料。

　　天然气氢同位素 $\delta(\mathrm{D\,CH_4})$ 以 $-190‰$ 为界,作为划分海陆相天然气的标准,已经为科学界共识。一般情况下,$\delta(\mathrm{D\,CH_4}) > 190‰$ 的天然气为海相沉积;反之,其为陆相沉积。因为天然气中的氢主要来源于有机质并与水介质有关,所以陆相天然气甲烷贫氘,而海相天然气甲烷富氘。

　　天然气碳同位素主要是 $^{13}_{6}\mathrm{C}$。甲烷碳同位素的 $\delta(^{13}_{6}\mathrm{C_1})$ 与母质类型、热演化程度、运动迁移等因素有关,而乙烷碳同位素的 $\delta(^{13}_{6}\mathrm{C_2})$ 有较强的稳定性和母质类型的继承性。因此,目前按照天然气中乙烷中碳同位素 δ 值进行划分,$\delta(^{13}_{6}\mathrm{C_2}) \geqslant -27‰$ 的为煤型气;$\delta(^{13}_{6}\mathrm{C_2}) < -28‰$ 的为油型气;而 $\delta(^{13}_{6}\mathrm{C_2})$ 在 $-28‰ \sim -27‰$ 的为混合型天然气。

　　同位素 δ 值:样品中同位素比值相对于标准物质同位素比值的千分值。

$$\delta(‰) = \left(\frac{R_{\mathrm{sa}}}{R_{\mathrm{st}}} - 1\right) \times 1\,000 = (a-1) \times 1\,000 \tag{2-40}$$

式中　R_{sa}——样品中同位素比值;

　　　R_{st}——标准物质同位素比值。

2.8.2　石油中的氢、碳同位素

　　石油是水中堆积的微生物残骸,在高压的作用下形成的碳氢化合物。石油经过精制后可得到汽油、煤油、柴油和重油。如图 2-47 所示,轻质(凝析)油的碳同位素 $\delta(^{13}_{6}\mathrm{C})$ 为 $-32.5‰ \sim -24.3‰$,比正常原油 $\delta(^{13}_{6}\mathrm{C})$ 为 $-34.4‰ \sim$

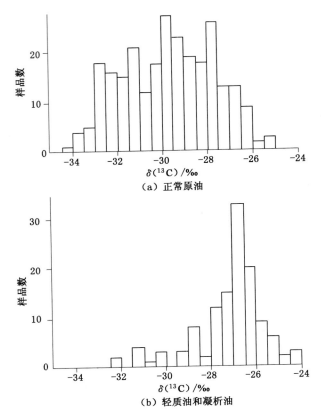

图 2-47　石油总烃碳同位素频率分布

－24.6‰相对偏高。如图 2-48 所示,与海相有关的轻质(凝析)油的氢同位素值 $\delta(D)>-150‰$,而非海相轻质(凝析)油的 $\delta(D)$ 为 $-210‰\sim-105‰$,基本上覆盖了海相轻质油的分布范围,从淡水-微咸水-半咸水和海水环境其氢同位素有明显变大趋势,表明氢同位素主要与沉积环境密切相关。

2.8.3　煤炭中的氢、碳同位素

　　煤炭是埋藏在地下的植物受地下和地热的作用,经过几千万年乃至几亿年的炭化过程,释放出水分、二氧化碳、甲烷等气体后,含氧量减少而形成的。煤中有机质是复杂的高分子有机化合物,主要由碳、氢、氧、氮、硫和磷等元素组成,含碳量非常丰富。由于地质条件和进化程度不同,含碳量不同,从而发热量也就不同。按发热量大小顺序,煤炭分为无烟煤、半无烟煤、烟煤和褐煤

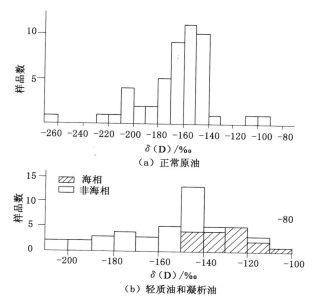

图 2-48　石油总烃氢同位素频率分布

等。煤炭在地球上分布较为广泛。

煤中的 $\delta(^{13}_{6}C)$ 值的变化与成煤沉积环境存在一定的相关性,当沉积环境受海相影响较大时,煤的 $\delta(^{13}_{6}C)$ 值也增大,影响煤中同位素组成的主要因素是成煤植物生长时期的古环境的变化,特别是大气中的 CO_2 的 $\delta(^{13}_{6}C)$ 值以及温度的变化。

淮南张集煤矿中煤的 $\delta(^{13}_{6}C)$ 值范围是 $-25.37‰ \sim -23.44‰$,其平均值为 $-24.18‰$。

从有机体、现代沉积物、干酪根(曾译为油母,指能生成油或蜡状物质的有机质)、煤、石油和天然气的氢同位素组成特征来看,不同赋存状态有机质的氢同位素组成具有不同的特征。有机体的氢同位素组成首先受控于共生水介质的氢同位素组成,而共生水介质的氢同位素组成具有继承效应,族组分的氢同位素继承效应更为明显。相同水环境形成的有机体中类脂化合物的 $\delta(D)$ 值小于蛋白质和碳水化合物的,同一环境的现代沉积物中脂肪酸的氢同位素含量小于腐殖酸的氢同位素含量。干酪根的氢同位素组成和源岩沉积环境有着密切的关系,可以指示沉积时水的盐度,而与干酪根的类型关系不大。在热演化过程中干酪根的稳定的同位素组成基本不发生变化。煤岩主要形成于淡水环境,有整体贫 D 的趋势。各种不同来源煤的氢同位素 $\delta(D)$ 值为 $-81‰\sim$ $-161‰$。同一煤岩组分中藻质体的氢同位素组成较轻,丝质组的最重,镜质组的介于二者之间。石油的氢同位素组成取决于生油母质的氢同位素组成,因此也可以反映源岩的沉积环境。母质干酪根类型和成熟度对石油的氢同位素组成影响不大。同一石油样品中不同族组分的氢同位素具有饱和碳氢化合物<芳香族碳氢化合物<含氮、硫、氧化合物的特征。天然气的氢同位素也是母质氢同位素的反映,另外它还受成熟度的影响。因此,天然气氢同位素组成可以反映源岩的沉积环境,同时在某种程度上也可以指示。

2.9　化石燃料在滑动弧等离子体区域中行为

2.9.1　化石燃料储量

从探明的储量分析,地球上的石油、天然气和煤炭的总储量分别为:石油 1 万亿桶左右,天然气 120 万亿立方米左右,煤炭 1 万亿吨左右。

按照全世界对化石燃料的消耗速度来计算,这些能源可供人类使用的时间为:石油 45~50 年,天然气 50~60 年,煤炭 200~220 年。

2.9.2　燃烧常识

在燃烧过程中,化石燃料中的碳转变为二氧化碳进入大气,使大气中二氧化碳浓度增大。二氧化碳作为一种温室气体具有吸热和隔热的功能。二氧化硫在大气中增多的结果是形成一种无形的玻璃罩,使太阳辐射到地球上的热量无法向外层空间发散,其结果是地球表面变热起来,加重了温室效应。

自工业革命以来,尽管因化石燃料的使用,人类社会的生产力大大提高,但随之引起全球气候变暖等一系列严重问题,也逐渐引起全世界各国的关注。化石燃料又叫做矿物燃料、矿石燃料。指埋藏地层中的不同地质年代的动植物遗体经历漫长地质条件的变化,以及温度、压力和微生物的作用而形成的一类可燃性矿物。所有的化石燃料都是由碳氢化合物组成的,所以燃烧时会释放二氧化碳。人为二氧化碳排放的主要来源是能源生产和交通运输的化石燃料燃烧。由于化石燃料的开采利用规模十分庞大,从而对环境的影响也令人关注。

化石燃料的分类 化石燃料可分为气体燃料(如天然气)、液体燃料(如石油)、固体燃料(如煤炭、油页岩、油砂等)。其中煤炭、石油、天然气使用的最为广泛,也是二氧化碳的主要来源。

煤炭是一种混合物,有机质元素主要是碳,其次是氢,还有氧、氮和硫等。由于含碳量非常丰富,煤炭的燃烧会排放大量的二氧化碳。比如,据有关单位计算,我国煤炭燃料排放的二氧化碳量占矿物燃料排放二氧化碳量的八成以上,占中国温室气体总量的一半多,充分说明了煤炭燃烧在温室气体和二氧化碳排放中的显著地位。

石油 石油也叫原油,是水中堆积的微生物残骸,在高压的作用下形成的碳氢化合物。石油是一种可燃性黏稠液体,常跟天然气共存,是很复杂的混合物。石油经过精制后可得到汽油、煤油、柴油和重油。它石油的性质因产地不同而不同,密度、黏度和凝固点的差别很大。例如,凝固点有的高达 30 ℃,有的低到 −66 ℃。石油里的主要元素是碳,占到了 $83\%\sim87\%$,从而造成了二氧化碳的大规模排放。此外,石油中还含有 $11\%\sim14\%$ 的氢,以及少量的硫 $(0.06\%\sim8\%)$、氮 $(0.02\%\sim1.7\%)$、氧 $(0.08\%\sim1.8\%)$ 和微量金属元素(镍、钒、铁、铜)等。许多石油开采公司正在使用一种向储油层注入二氧化碳来提高采油率的技术。这种技术是将收集来的二氧化碳在压缩后通过泵压方式储存在废弃的油田和天然气气田、深层地下盐层水和煤层。二氧化碳与原油混合后,原油的黏性就会减弱,可以更容易流向地面。这样,不但减少了二氧化碳的排放,又增加了是石油的产量。

天然气 从广义上讲,天然气指埋藏在地层中自然形成的气体的总称。但通常所说的天然气仅指贮藏在地层较深部的可燃性气体(气态的化石燃料)和跟石油共存的气体(常称油田伴生气)。天然气的主要成分是甲烷。此外,根据不同的地质条件。有的气田中还含有氦气。相对于煤炭和石油,天然气是一种洁净环保的优质能源,天然气燃烧时产生二氧化碳低 60%。采用天然气作为燃料,可减少煤和石油的用量,因而大大改善环境污染。此外,由于天然气几乎不含硫、粉尘和其他有害物质,能减少二氧化硫和粉尘排放量近100%,减少氮氧化合物排放量 50%,有助于减少酸雨,减缓地球温室效应。天然气是一种较为安全的燃气之一。天然气不含一氧化碳。天然气比空气轻,一旦泄漏,立即会向上扩散,不易积聚形成爆炸性气体,安全性较高。

2.9.3 固体、气体、液体燃烧类型和特点

2.9.3.1 固体燃烧

根据各类可燃固体的燃烧方式和燃烧特性,固体燃烧的形式大致可分为5 类,其燃烧各有特点。

（1）蒸发燃烧

硫、磷、钾、钠、蜡烛、松香、沥青等可燃固体，在受到火源加热时，先熔融蒸发，随后蒸气与氧气发生燃烧反应，这种形式的燃烧一般称为蒸发燃烧。樟脑、萘等易升华物质，在燃烧时不经过熔融过程，但其燃烧现象也可看作一种蒸发燃烧。

（2）表面燃烧

可燃固体（如木炭、焦炭、铁、铜等）的燃烧反应是在其表面由氧和物质直接作用而发生的，称为表面燃烧。这是一种无火焰的燃烧，有时又称为异相燃烧。

（3）分解燃烧

可燃固体（如木材、煤、合成塑料、钙塑材料等），在受到火源加热时，先发生热分解，随后分解出的可燃挥发分与氧发生燃烧反应，这种形式的燃烧一般称为分解燃烧。

（4）熏烟燃烧（阴燃）

可燃固体在空气不流通、加热温度较低、分解出的可燃挥发分较少或逸散较快、含水分较多等条件下，往往发生只冒烟而无火焰的燃烧现象，就是熏烟燃烧，又称阴燃。

（5）动力燃烧（爆炸）

动力燃烧是指可燃固体或其分解析出的可燃挥发分遇火源所发生的爆炸式燃烧，主要包括可燃粉尘爆炸、炸药爆炸、轰燃等几种情形。其中，轰燃是指可燃固体由于受热分解或不完全燃烧析出可燃气体，当其以适当比例与空气混合后再遇火源时，发生的爆炸式预混燃烧。

2.9.3.2 液体燃烧

液体燃烧的类型分为闪燃、沸溢、喷溅三种。

（1）闪燃

闪燃是指易燃或可燃液体（包括可熔化的少量固体，如石蜡、樟脑、萘等）挥发出来的蒸气分子与空气混合后，达到一定的浓度时，遇引火源产生一闪即灭的现象。闪燃是引起火灾事故的先兆之一。闪点是指易燃或可燃液体表面产生闪燃的最低温度。

（2）沸溢

以原油为例，其黏度比较大，且都含有一定的水分，以乳化水和水垫两种形式存在。在燃烧过程中，这些沸程较宽的重质油品产生热波，在热波向液体深层运动时，由于温度远高于水的沸点，因而热波会使油品中的乳化水气化，大量的蒸气就要穿过油层向液面上浮，在向上移动过程中形成油包气的气泡，即油的一部分形成了含有大量蒸气气泡的泡沫。这样,必然使液体体积膨胀,向外溢出,同时部分未形成泡沫的油品也被下面的蒸气膨胀力抛出,使液面猛烈沸腾起来,就像"跑锅"一样,这种现象称为沸溢。

从沸溢过程说明,沸溢形成必须具备以下 3 个条件。

① 原油具有形成热波的特性,即沸程宽,密度相差较大。

② 原油中含有乳化水,水遇热波变成水蒸气。

③ 原油黏度较大,使水蒸气不容易从下向上穿过油层。

（3）喷溅

在重质油品燃烧进行过程中,随着热波温度的逐渐升高,热波向下传播的距离逐渐加大。当热波达到水垫时,水垫的水大量蒸发,水蒸气体积迅速膨胀,以至把水垫上面的液体层抛向空中,进而向外喷射,这种现象称为喷溅。

一般情况下,发生沸溢要比发生喷溅的时间早得多。发生沸溢的时间与原油的种类、水分含量等有关。

2.9.3.3　气体燃烧

根据燃烧前可燃气体与氧混合状况不同,气体燃烧方式分为扩散燃烧和预混燃烧。

① 扩散燃烧是指可燃性气体和蒸气分子与气体氧化剂互相扩散,边混合边燃烧。扩散燃烧的特点为:燃烧比较稳定,扩散火焰不运动,可燃气体与氧化剂气体的混和在可燃气体喷口进行。

② 预混燃烧又称为爆炸式燃烧。预混燃烧是指可燃气体、蒸气或粉尘预先同空气(或氧)混合,遇火源产生带有冲击力的燃烧。预混燃烧的特点:燃烧反应快,温度高,火焰传播速度快,反应混合气体不扩散;在可燃混气中引入一个火源即产生一个火焰中心(其成为热量与化学活性粒子集中源)。

上述各种燃烧形式的划分并非绝对,有些可燃固体的燃烧往往包含两种或两种以上的燃烧形式。例如,在适当的外界条件下,木材、棉、麻、纸张等的燃烧会明显地存在分解燃烧、熏烟燃烧、表面燃烧等形式。

2.9.4　化石燃料在滑动弧等离子体场中的分解与电离

图 2-49 是 12 种持久性有机污染物(POPs)的高温分解曲线。在 1 200 ℃以上,几乎是毫秒(ms)级的时间就可以摧毁这些有机物。显然在所有有机成分中,只有 CO 和 H_2(合成气)分子能抵抗等离子体炬的高温,见图 2-50。

因此,化石燃料在等离子体弧区域里停留分解后的行为研究,简化为仅考虑研究 CO_2、H_2、CO、H_2O 即可,甚至可以再简单些——只分析 CO_2 与 H_2O 就可以了。

在电场中,当 e^- 与 CO_2 分子碰撞时,会产生许多不同种类的正离子。各

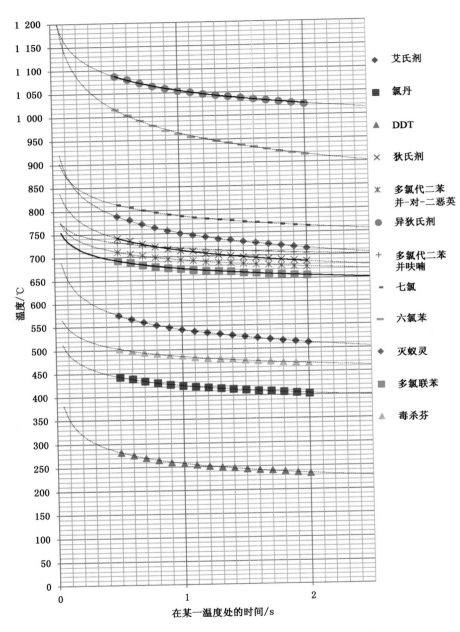

图 2-49　12 种持久性有机污染物（POPs）高温分解曲线

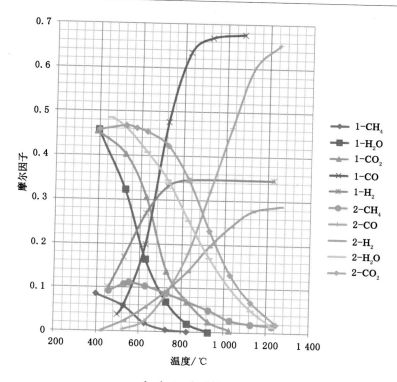

1—1 atm；2—100 atm。

图 2-50　C-H-O 系有机物高温分解平衡特征曲线

种正离子反应式如下：

$$e^- + CO_2 \rightarrow CO_2^+ \qquad 13.8 \text{ eV}$$

$$e^- + CO_2 \rightarrow CO^+ \qquad 19.5 \text{ eV}$$

$$e^- + CO_2 \rightarrow O^+ \qquad 19.1 \text{ eV}$$

$$e^- + CO_2 \rightarrow C^+ \qquad 27.8 \text{ eV}$$

$$e^- + CO_2 \rightarrow CO_2^{++} \qquad 37.4 \text{ eV}$$

$$e^- + CO_2 \rightarrow C^{++} \qquad 51.2 \text{ eV}$$

$$e^- + CO_2 \rightarrow O^{++} \qquad 54.2 \text{ eV}$$

注意：在每个粒子右侧给出的能量表示各个离子的外观能量。

双电荷离子 CO_2^{2+}、C^{2+} 和 O^{2+} 的电离截面推荐值 e^- 与 CO_2 碰撞全电离截面的推荐值见图 2-51。e^- 与 CO_2 碰撞及及部分产物碰撞的部分电离截面的推荐值见图 2-52。

图 2-51 和图 2-52 所示是电子（e^-）与二氧化碳（CO_2）碰撞及其部分产物

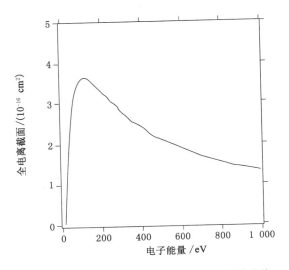

图 2-51　e^- 与 CO_2 碰撞全电离截面的推荐值

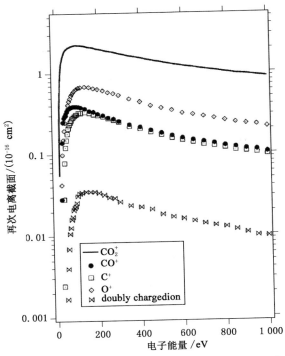

图 2-52　e^- 与 CO_2 碰撞部分产物再次电离截面的推荐值

碰撞的电离截面数据。这里所考虑的碰撞过程包括：总散射、弹性散射、动量转移、振动态和电子态的激发、电离、电子附着和辐射发射。

从图 2-51 和图 2-52 可以明显看出：CO_2 分子在滑动等离子体弧电场中，在电场电压≤6 500 V 时，在能量≤6.5 keV 的 e^- 撞击下，就不可能"独善其身"，即保持住分子形态；甚至撞击产生的离子会继续相互碰撞而发生电离，直至 C、O 元素的原子核赤身裸体"畅游在"等离子体海洋中。

同样，e^- 在电场中与 H_2O 分子碰撞，也会产生许多正离子。各种正离子反应式如下：

$$e^- + H_2O \rightarrow H^+ \qquad 16.95 \pm 0.05\ eV$$
$$e^- + H_2O \rightarrow OH^+ \qquad 18.116 \pm 0.003\ eV$$
$$e^- + H_2O \rightarrow O^+ \qquad 19.0 \pm 0.2\ eV$$
$$e^- + H_2O \rightarrow H_2^+ \qquad 20.7 \pm 0.4\ eV$$

e^- 与 H_2O 水分子碰撞的全电离截面的推荐值见图 2-53。e^- 与 H_2O 分子碰撞部分产物的再次电离截面的推荐值见图 2-54。

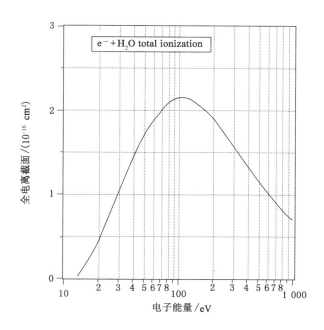

图 2-53　e^- 与 H_2O 水分子碰撞的全电离截面的推荐值

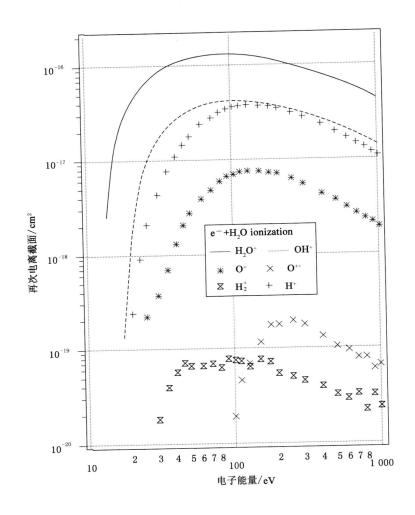

图 2-54　e^- 与 H_2O 分子碰撞部分产物的再次电离截面的推荐值

从图 2-53 和图 2-54 可以看出:分子态的 H_2O 在滑动等离子体弧电场中,在电场电压 $\leqslant 6\,500$ V 时,在能量 $\leqslant 6.5$ keV 的 e^- 撞击下,也不可能保持住分子形态,只能继续电离,直至裸露出 H、O 元素的原子核。

2.10　化石燃料脱离等离子体弧区后燃烧行为

在高压纳秒放电作用下甲烷混合物的点火实验和数值研究发现,高压纳秒放电引发甲烷混合物着火的气体温度显著降低,其点火延迟时间缩短了 3 个数量级。相关测量结果与计算的点火延迟时间吻合较好。对计算结果的分析表明,在高于点火阈值的温度和电场下,大部分电子能量被用来激发中性粒子的电子能级并使其电离。气体放电对化学计量碳氢化合物点火影响的主要机制是:在放电阶段,分子氧混合物的电子碰撞解离和激发,导致在点火开始时 O 和 H 原子的密度显著增加。这造成链式化学反应变得更加高效,见图 2-55和图 2-56。

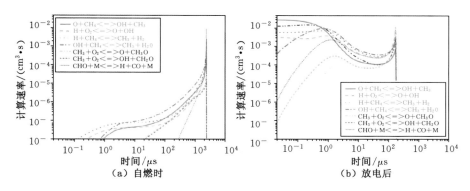

图 2-55　在 1 530 K、1.1 bar 时,红外加热甲烷自燃时
和放电后的主要反应的计算速率随时间的演变
(在等离子体辅助点火中,时间是从活性粒子被注入混合物的瞬间开始计算的)

综上,在 6 500 V 交变非均匀梯度电场中,化石燃料以及空气组分均会解离、电离,裸露出分子组分的原子核,各种元素处于等离子体状态,不能燃烧生成化合物 CO_2 和 H_2O。因为 CO_2 和 H_2O 分子并不能稳定存在此条件下的电场中,只能被迫解离、电离出各种元素的原子核,为核反应或光核反应的进行提供必要环境——等离子体场。也只有离开了这个等离子体场后,化石燃料以及空气组分才能"燃烧化合",彻底释放"化石燃料的燃烧能"。在此等离子体场中产生或释放的能量,只能是核能。化石燃料以及空气组分脱离这个等离子体场控制后,在 $10^2\ \mu s$(微秒)级即可燃烧,比自然燃烧点火时间缩短约 3 个数量级。

由以上分析与计算中可知,在 6 500 V 交变非均匀梯度电场中,从理论

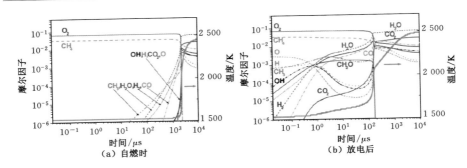

图 2-56 自燃时和放电后甲烷主要组分的摩尔分数随时间的变化
（这些曲线对应于图 2-40 所示的相同的条件,气体温度演变用粗红线表示）

上,存在着核反应与光核反应的可能性,这主要是在这个非均匀梯度等离子体场中,已经具备了各种轻核反应与光核反应的能量基础,同时还存在众多可以随时参与反应的非常活跃的各种核元素。进而,当工程化条件简单可靠时,反应平和易控的"温核聚变复合燃烧"理论顺势诞生了。

第3章　温核聚变与光核反应等离子体复合燃烧炬工程级实验与实践

在前期设计与应用的天然气燃烧等离子体复合炬在陶瓷窑炉使用过程中,发现了一个非常震惊而且非同寻常的现象,那就是比原来天然气燃烧炬节能"30%～49%"。这个天然气燃烧的"超热值"发现,导致联想到天然气燃烧过程中发生了核聚变或光核反应。

3.1　天然气燃烧等离子体复合炬在陶瓷窑炉实验结果和分析

2021年6月,在景德镇嘉泽陶瓷公司的3.8 m³艺术品陶瓷烧成梭式窑上进行实验(见图3-1),并与原有使用的自吸式天然气炬(见图3-2)比对,以测试节能效果。

图3-1　景德镇嘉泽陶瓷公司的3.8 m³艺术品陶瓷烧成梭式窑14把自吸式天然气炬实况

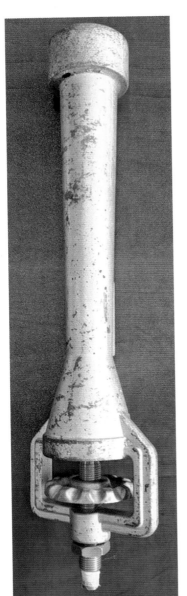

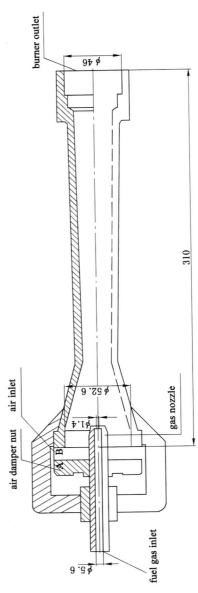

图3-2 原用自吸式天然气炬

景德镇嘉泽陶瓷公司的 3.8 m³ 艺术品陶瓷烧成梭式窑天然气复合燃烧等离子体炬改装实况见图 3-3。

（a）8 把复合炬布置

（b）6 把复合炬布置

图 3-3 景德镇嘉泽陶瓷公司的 3.8 m³ 艺术品陶瓷烧成梭式窑
天然气复合燃烧等离子体炬改装实况

3.1.1 空窑实验结果

空窑 A 炉和 B 炉实验数据见表 3-1 和表 3-2。

空窑 A 炉、B 炉氧化期炉温-时间对比图见图 3-4。

空窑 A 炉、B 炉氧化期炉温-燃气用量＋电用量对比图见图 3-5。

3.1.2 白胎花瓶烧制实验结果

白胎花瓶烧制 A 炉、B 炉实验数据见表 3-3 和表 3-4。

白胎花瓶烧制 A 炉、B 炉氧化期 8 把炬炉温-时间对比图见图 3-6。

白胎花瓶烧制 A 炉、B 炉氧化期 8 把炬炉温-天然气用量＋电用量对比图见图 3-7。

3.1.3 青花花瓶烧制实验结果

青花花瓶烧制 A 炉、B 炉实验数据见表 3-5 和表 3-6。

青花花瓶烧制 A 炉、B 炉氧化期 6 把炬炉温-时间对比图见图 3-8。

青花花瓶烧制 A 炉、B 炉氧化期 6 把炬炉温-天然气用量＋电用量对比图见图 3-9。

3.1.4 日用白胎烧制实验结果

日用白胎烧制 A 炉、B 炉实验数据见表 3-7 和表 3-8。

日用白胎烧制 A 炉、B 炉氧化期 6 把炬炉温-时间对比图见图 3-10。

日用白胎烧制 A 炉、B 炉氧化期 6 把炬炉温-天然气用量＋电用量对比图见图 3-11。

3.1.5 颜色釉(朗红)烧制实验结果

颜色釉(朗红)烧制 A 炉、B 炉实验数据见表 3-9 和表 3-10。

颜色釉(朗红)烧制 A 炉、B 炉氧化期 6 把炬炉温-时间对比图见图 3-12。

颜色釉(朗红)烧制 A 炉、B 炉氧化期 6 把炬炉温-天然气用量＋电用量对比图见图 3-13。

表 3-1　空窑 A 炉实验数据记录表

实验时间:20210617　　实验人员:贾侠　　实验对象:空炉　　时间间隔:10 min

序号	时间		温度/℃	燃气压力/kPa	燃气流量/(m³/h)	燃气总量读数/m³	10 min 燃气用量/m³	此刻燃气用量/m³	输入能量/度	备注
0	14:20	0.00	100	212.4	10.84	10 813.583 4	0	0	0	
10	14:30	10.00	252	212.4	13.4	10 815.728 5	2.145 1	2.145 1	20.378 45	
20	14:40	20.00	339		13.38	10 817.925 1	2.196 6	4.341 7	41.246 15	
30	14:50	30.00	426		14.95	10 820.329 6	2.404 5	6.746 2	64.088 9	
40	15:00	40.00	514		19.93	10 823.164 8	2.835 2	9.581 4	91.023 3	
50	15:10	50.00	597		19.78	10 825.947 1	2.782 3	12.363 7	117.455 15	
60	15:20	60.00	671		19.92	10 829.669 2	3.722 1	16.085 8	152.815 1	
70	15:30	70.00	725		19.92	10 832.551 2	2.882	18.967 8	180.194 1	
80	15:40	80.00	777		19.78	10 835.929 2	3.378	22.345 8	212.285 1	
90	15:50	90.00	822		19.91	10 839.234 4	3.305 2	25.651	243.684 5	
100	16:00	100.00	860		19.93	10 842.542 5	3.308 1	28.959 1	275.111 45	
110	16:10	110.00	893		19.93	10 845.919 8	3.377 3	32.336 4	307.195 8	
120	16:20	120.00	921		19.92	10 849.108 2	3.188 4	35.524 8	337.485 6	
130	16:30	130.00	940		19.89	10 852.478 3	3.370 1	38.894 9	369.501 55	
140	16:40	140.00	972		19.89	10 855.814 2	3.335 9	42.230 8	401.192 6	
150	16:50	150.00	993		19.88	10 859.111	3.296 8	45.527 6	432.512 2	

实验时间：20210620　　实验人员：贾侠　　实验对象：空炉　　时间间隔：10 min

表 3-2　空窑 B 炉实验数据记录表

序号	时间		温度/℃	燃气压力/kPa	燃气流量/(m³/h)	燃气总量读数/m³	10 min 燃气用量	此刻燃气用量/m³	燃气＋电燃气单位	用电换算燃气单位	用电量/度	备注
0	14:25	0.00	107	10.6	10 913.537 7	0	0	0.000 000 000 0	0	0	0	0
10	14:35	10.00	217	10.55	10 914.997 2	1.459 5	1.682 478 080 1	0.222 978 08	2.185 185 185	13.865 25	16.050 435 19	
14	14:39	14.00	256	10.58	10 915.588 5	2.050 8	2.362 969 312 2	0.312 169 312	3.059 259 259	19.482 6	22.541 859 26	
15	14:40	15.00	274	13.33	10 915.931	2.393 3	2.727 767 120 2	0.334 467 12	3.277 777 778	22.736 35	26.014 127 78	
20	14:45	20.00	330	13.32	10 917.101 1	3.563 4	4.009 356 160 2	0.445 956 16	4.370 370 37	33.852 3	38.222 670 37	
30	14:55	30.00	423	14.92	10 919.347 8	5.810 1	6.479 034 240 4	0.668 934 24	6.555 555 556	55.195 95	61.751 505 56	
41	15:06	41.00	527	20.15	10 922.186 4	8.648 7	9.562 910 128 5	0.914 210 128	8.959 259 259	82.162 65	91.121 909 26	
50	15:15	50.00	638	20.17	10 925.141	11.603 3	12.718 190 400 6	1.114 890 401	10.925 925 93	110.231 35	121.157 275 9	
60	15:25	60.00	714	20.18	10 928.382 9	14.845 2	16.183 068 480 7	1.337 868 481	13.111 111 11	141.029 4	154.140 511 1	
70	15:35	70.00	771	20.16	10 932.015 4	18.477 7	20.038 546 560 8	1.560 846 561	15.296 296 3	175.538 15	190.834 446 3	
80	15:45	80.00	819	20.11	10 935.350 9	21.813 2	23.597 024 641 0	1.783 824 641	17.481 481 48	207.225 4	224.706 881 5	
90	15:55	90.00	857	20.15	10 938.512 4	24.974 7	26.981 502 721 1	2.006 802 721	19.666 666 67	237.259 65	256.926 316 7	
98	16:03	98.00	886	20.15	10 941.650 2	28.112 5	30.297 685 185 2	2.185 185 185	21.414 814 81	267.068 75	288.483 564 8	
102	16:07	102.00	891	20.01	10 942.498 8	28.961 1	31.235 476 417 2	2.274 376 417	22.288 888 89	275.130 45	297.419 338 9	
110	16:15	110.00	916	21.32	10 944.966 0	31.428 3	33.881 058 881 3	2.452 758 881	24.037 037 04	298.568 85	322.605 887	
121	16:26	121.00	962	24.82	10 949.286 8	35.749 1	38.447 134 769 5	2.698 034 769	26.440 740 74	339.616 45	366.057 190 7	

结果：6 把拒氧化燃烧达到炉温 1 000 ℃，节能率 30.8%；节时 36 min，节时率 24%。如果能达到炉温 1 300 ℃有可能节能超过 45%，节时率有可能超过 46%。

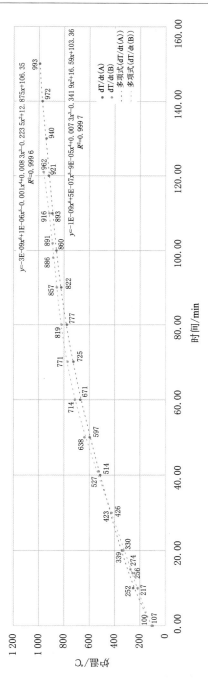

图3-4　空窑A炉、B炉氧化期炉温-时间对比图

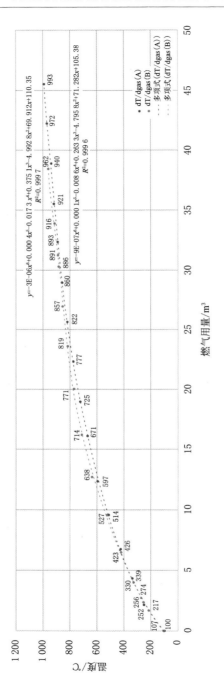

图3-5 空窑A炉、B炉氧化期炉温-燃气用量+电用量对比图

$y=3E-06x^6+0.000\,4x^5-0.017\,3x^4+0.375\,1x^3-4.992\,8x^2+69.912x+110.35$

$R^2=0.999\,7$

$y=-9E-07x^4+0.000\,1x^4-0.263\,3x^3-4.795\,8x^2+71.282x+105.38$

$R^2=0.999\,6$

• dT/dgas (A)

• dT/dgas (B)

--- 多项式 (dT/dgas (A))

---- 多项式 (dT/dgas (B))

表 3-3　白胎花瓶烧制 A 炉实验数据记录表

实验时间:20210611　　实验人员:贾侠　　实验对象:花瓶白胎　　时间间隔:10 min

序号	时间	温度/℃	燃气压力/kPa	燃气流量/(m³/h)	燃气总量读数/m³	10 min 燃气用量/m³	此刻燃气用量/m³	备注
0	16:00	75	212.5	2.42	10 425.532 1	0	0	
10	16:10	84	213.5	2.37	10 426.173 2	0.641 1	0.641 1	
20	16:20	100	213.2	2.93	10 426.63 1	0.457 8	1.098 9	调大流量
30	16:30	111	213.5	2.91	10 427.114 5	0.483 5	1.582 4	
40	16:40	123	213.1	2.92	10 427.606 5	0.492	2.074 4	
53	16:53	141	213.5	2.91	10 428.275 4	0.668 9	2.743 3	
60	17:00	147	213	4.04	10 428.596 2	0.320 8	3.064 1	调大流量
70	17:10	173	212.8	4.04	10 429.282 7	0.686 5	3.750 6	
80	17:20	191	213.8	5.59	10 429.958 1	0.675 4	4.42 6	
90	17:30	224	213.7	5.61	10 430.826 0	0.867 9	5.293 9	
100	17:40	246	213.2	5.6	10 431.840 9	1.014 9	6.308 8	
110	17:50	266	213.5	5.6	10 432.740 4	0.899 5	7.208 3	
120	18:00	292	213.1	8.55	10 433.810 9	1.070 5	8.278 8	调大流量
130	18:10	334	213.5	8.57	10 435.232 3	1.421 4	9.700 2	
140	18:20	372	213	8.53	10 436.690 8	1.458 5	11.158 7	
148	18:28	400	212.8	8.55	10 438.009 7		12.477 6	
150	18:30	405	213.2	8.57	10 438.166 1	1.475 3	12.634	
153	18:33	411	213.5	9.09	10 438.545 1		13.013	
160	18:40	430	213.1	9.11	10 439.590 7	1.424 6	14.058 6	调大流量

表 3-3(续)

序号	时间	温度/℃	燃气压力/kPa	燃气流量/(m³/h)	燃气总量读数/m³	10 min 燃气用量/m³	此刻燃气用量/m³	备注
170	18:50	455	213.5	9.07	10 441.154 7	1.564	15.622 6	
180	19:00	476	213	12.39	10 442.678 1	1.523 4	17.146	调大流量
190	19:10	518	212.8	13.71	10 444.954 4	2.276 3	19.422 3	
200	19:20	549	213.2	13.73	10 447.186 6	2.232 2	21.654 5	
210	19:30	581	213.5	13.73	10 449.393 0	2.206 4	23.860 9	
220	19:40	614	213.1	13.71	10 451.660 6	2.267 6	26.128 5	
230	19:50	652	213.5	13.71	10 454.080 0	2.419 4	28.547 9	调大流量
240	20:00	686	213	14.71	10 456.382 1	2.302 1	30.85	
250	20:10	720	212.8	14.74	10 458.793 3	2.411 2	33.261 2	
260	20:20	752	213.2	14.76	10 461.380 2	2.586 9	35.848 1	调大流量
270	20:30	780	213.5	15.58	10 463.733 4	2.353 2	38.201 3	
290	20:50	832	213.1	15.28	10 469.114 2	5.380 8	43.582 1	
300	21:00	851	213.5	15.29	10 471.549 2	2.43 5	46.017 1	
310	21:10	870	213	15.33	10 474.058 5	2.509 3	48.526 4	
320	21:20	890	212.8	15.28	10 476.631 1	2.572 6	51.099	
330	21:30	911	212.8	15.30	10 479.164 9	2.533 8	53.632 8	
340	21:40	923	213.8	15.32	10 481.823 6	2.658 7	56.291 5	
350	21:50	933	213.2	15.31	10 484.272 9	2.449 3	58.740 8	调小流量,风门关小
360	22:00	943	213.5	13.07	10 486.725 8	2.452 9	61.193 7	
375	22:15	958	213.1	13.58	10 490.330 1		64.798	调大流量保温
380	22:20	961	213.5	10.70	10 491.026 7	4.300 9	65.494 6	

表 3-4　白胎花瓶烧制 B 炉实验数据记录表

实验时间：20210621　　实验人员：贾侠　　实验对象：花瓶白胎　　时间间隔：10 min

序号	时间	温度/℃	燃气压力/kPa	燃气流量/(m³/h)	燃气总量读数/m³	10 min 燃气用量	此刻燃气用量/m³	燃气+电 燃气单位/m³	用气换算 燃气单位/m³	用电量/度	备注
0	10:15	87	213.1	3.31	11 015.039 3	0	0	0	0		
10	10:25	110		3.23	11 015.555 3		0.516	0.541 510 204	0.025 510 204	0.25	
18	10:33	128		4.34	11 016.047 3		1.008	1.053 918 367	0.045 918 367	0.45	
19	10:34	133		5.2	11 016.120 3		1.081	1.1294 693 88	0.048 469 388	0.475	
20	10:35	136		5.2	11 016.157 9		1.118 6	1.169 620 408	0.051 020 408	0.5	
25	10:40	162		5.21	11 016.609 4		1.570 1	1.633 875 51	0.063 775 51	0.625	
35	10:50	202		5.24	11 017.418 8		2.379 5	2.468 785 714	0.089 285 714	0.875	
41	10:56	223		7	11 017.997 2		2.957 9	3.062 491 837	0.104 591 837	1.025	
45	11:00	243		7.03	11 018.396 5		3.357 2	3.471 995 918	0.114 795 918	1.125	
55	11:10	287		7.03	11 019.591 0		4.551 7	4.692 006 122	0.140 306 122	1.375	
65	11:20	321		10.31	11 020.777 5		5.738 2	5.904 016 327	0.165 816 327	1.625	
66	11:21	327		6.99	11 020.960 2		5.920 9	6.089 267 347	0.168 367 347	1.65	
75	11:30	392		11.51	11 022.566 8		7.527 5	7.718 826 531	0.191 326 531	1.875	
85	11:40	439		10.36	11 024.314 7		9.275 4	9.492 236 735	0.216 836 735	2.125	
96	11:51	483		10.89	11 026.303 0		11.263 7	11.508 597 96	0.244 897 959	2.4	

表 3-4（续）

序号	时间	温度/℃	燃气压力/kPa	燃气流量/(m³/h)	燃气总量读数/m³	10 min燃气用量	此刻燃气用量/m³	燃气+电单位/m³	用电换算单位燃气/m³	用电量/度	备注
105	12:00	513		10.85	11 028.046 9		13.007 6	13.275 457 14	0.267 857 143	2.625	
106	12:01	515		12.03	11 028.046 9		13.007 6	13.278 008 16	0.270 408 163	2.65	
115	12:10	549		12.05	11 029.824 4		14.785 1	15.078 467 35	0.293 367 347	2.875	
125	12:20	585		13.26	11 031.949 9		16.910 6	17.229 477 55	0.318 877 551	3.125	
135	12:30	623		13.21	11 034.233 0		19.193 7	19.538 087 76	0.344 387 755	3.375	
145	12:40	661		14.15	11 036.484 6		21.445 3	21.815 197 96	0.369 897 959	3.625	
155	12:50	696		14.08	11 038.759 8		23.720 5	24.115 908 16	0.395 408 163	3.875	开始加电
165	13:00	730		14.13	11 041.199 8		26.160 5	26.581 418 37	0.420 918 367	4.125	
175	13:10	761		14.11	11 043.697 5		28.658 2	29.291 703 4	0.633 503 401	6.208 333 333	
176	13:11	765		17.23	11 043.697 5		28.658 2	29.312 961 9	0.654 761 905	6.416 666 667	
183	13:18	809		18.48	11 045.994 4		30.955 1	31.758 671 43	0.803 571 429	7.875	加大进气
185	13:20	816		18.48	11 046.338 4		31.299 1	32.145 188 44	0.846 088 435	8.291 666 667	
195	13:30	863		18.50	11 049.540 6		34.501 3	35.559 973 47	1.058 673 469	10.375	
205	13:40	901		18.49	11 052.619 0		37.579 7	38.850 958 5	1.271 258 503	12.458 333 33	
215	13:50	941		18.39	11 055.687 3		40.648	42.131 843 54	1.483 843 537	14.541 666 67	
225	14:00	967		18.38	11 058.640 3		43.601	45.297 428 57	1.696 428 571	16.625	

结果：8 把炬氧化燃烧达到炉温 960 ℃，节能率 30.3%；节时 155 min，节能率 40%。

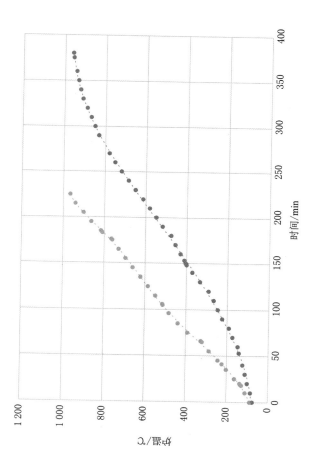

图3-6 白胎花瓶瓶烧制窑A炉、B炉氧化期8把炬炉温－时间对比图

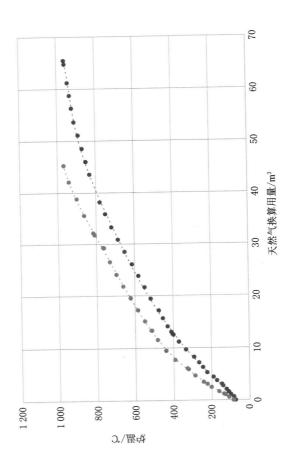

图3-7　白胎花瓶烧制器A炉、B炉氧化期8把炬炉温-天然气用量+电用量对比图

表 3-5　青花花瓶烧制 A 炉实验数据记录表

实验时间:20210613　　实验人员:贾侠　　实验对象:画瓶　　时间间隔:10 min

序号	时间	温度/℃	燃气压力/kPa	燃气流量/(m³/h)	燃气总量读数/m³	10 min燃气用量/m³	此刻燃气用量/m³	备注
0	11:20	92	214.7	3.31	10 686.396 5	0	0	
10	11:30	106	214.7	3.24	10 686.884 1	0.487 6	0.487 6	
20	11:40	120	214.5	3.24	10 687.400 1	0.516	1.003 6	
30	11:50	136	214.2	3.23	10 687.990 2	0.590 1	1.593 7	
40	12:00	149	214.4	3.23	10 688.503 5	0.513 3	2.107	
50	12:10	163	214.2	3.23	10 689.015 4	0.511 9	2.618 9	
60	12:20	185	214.0	3.23	10 689.627 2	0.611 8	3.230 7	
70	12:30	204	213.9	3.23	10 690.179 7	0.552 5	3.783 2	
80	14:40	246	213.9	8.66	10 691.345 6	1.165 9	4.949 1	调大火炬阀门，调大流量
90	14:50	286	214.0	8.64	10 692.651 4	1.305 8	6.254 9	
100	13:00	319	213.9	8.63	10 694.083 8	1.432 4	7.687 3	
110	13:10	353	212.6	8.58	10 695.566 7	1.482 9	9.170 2	
120	13:20	382	213.8	8.65	10 696.897 6	1.330 9	10.501 1	
130	13:30	409	212.7	8.59	10 698.359 6	1.462	11.963 1	
131	13:31	412	212.6	11.25	10 698.637 1		12.240 6	
140	13:40	443	213.6	11.30	10 700.143 8	1.784 2	13.747 3	
150	13:50	472	213.7	11.3	10 702.032 5	1.888 7	15.636	
160	14:00	492	212.6	11.24	10 703.893 9	1.861 4	17.497 4	
170	14:10	514	213.7	11.3	10 705.906 1	2.012 2	19.509 6	

表 3-5(续)

序号	时间	温度/℃	燃气压力/kPa	燃气流量/(m³/h)	燃气总量读数/m³	10 min燃气用量/m³	此刻燃气用量/m³	备注
180	14:20	530	213.7	14.4	10 707.945 9	2.039 8	21.549 4	调大流量
190	14:30	579	213.7	16.38	10 710.839 2	2.893 3	24.442 7	调大流量
200	14:40	619	213.9	16.4	10 713.564 9	2.725 7	27.168 4	
210	14:50	656	213.5	16.36	10 716.113 0	2.548 1	29.716 5	
220	15:00	688	212.9	16.28	10 718.846 7	2.733 7	32.450 2	
230	15:10	717	214.1	16.42	10 721.516 8	2.670 1	35.120 3	
240	15:20	742	212.7	16.29	10 724.180 2	2.663 4	37.783 7	
250	15:30	765	213.7	16.36	10 726.938 2	2.758	40.541 7	调大流量
251	15:31	770	213.6	17.15	10 727.393 2	0.455	40.996 7	
260	15:40	792	213.6	17.18	10 729.747 7	2.354 5	43.351 2	
270	15:50	814	213.4	17.21	10 732.758 8	3.011 1	46.362 3	
280	16:00	835	213.8	17.18	10 735.469 2	2.710 4	49.072 7	
290	16:10	855	213.4	17.21	10 738.559 9	3.090 7	52.163 4	
300	16:20	872	213.3	17.16	10 741.222 0	2.662 1	54.825 5	
310	16:30	892	213.3	18.10	10 744.018	2.796	57.621 5	调大流量
320	16:40	912	213.4	19.25	10 747.138 6	3.120 6	60.742 1	
330	16:50	932	213.4	19.26	10 750.370 8	3.232 2	63.974 3	
335	16:55	940	213.4	12.90	10 752.440 8	66.044 3		保温

表 3-6　青花花瓶烧制 B 炉实验数据记录表

实验时间：20210623　　实验人员：贾侠　　实验对象：青花花瓶　　时间间隔：10 min

序号	时间	温度 /℃	燃气压力 /kPa	燃气流量 /(m³/h)	燃气总量读数 /m³	10 min 燃气用量 /m³	此刻燃气用量 /m³	电+气总和气单位 /m³	电转化燃气单位 /m³	用电量 /度	备注
0	9:55	57		2.46	11 250.077 2		0	0	0	0	用等离子,开小鼓风
5	10:00	102		6.76	11 250.708 7		0.631 5	0.711 234 184	0.079 731 184	0.781 395	
15	10:10	168		6.68	11 251.683 6		1.606 4	1.845 602 551	0.239 202 551	2.344 185	
25	10:20	224		6.69	11 252.780 8		2.703 6	3.102 270 918	0.398 670 918	3.906 975	
35	10:30	272		7.26	11 253.997 7		3.920 5	4.478 639 286	0.558 139 286	5.469 765	
48	10:43	323		7.25	11 255.582 6		5.505 4	6.270 848 163	0.765 448 163	7.501 392	
55	10:50	358		8.59	11 256.640 3		6.563 1	7.440 176 02	0.877 076 02	8.595 345	
65	11:00	400		8.51	11 257.978 5		7.901 3	8.937 844 388	1.036 544 388	10.158 135	
78	11:13	458		9.60	11 260.149 9		10.072 7	11.316 553 27	1.243 853 265	12.189 762	
91	11:26	495		9.57	11 262.189 6		12.112 4	13.563 562 14	1.451 162 14	14.221 389	
95	11:30	505		9.62	11 262.894 5		12.817 3	14.332 249 49	1.514 949 49	14.846 505	
105	11:40	547		12.56	11 264.729 3		14.652 1	16.326 517 86	1.674 417 857	16.409 295	

表 3-6（续）

序号	时间	温度/℃	燃气压力/kPa	燃气流量/(m³/h)	燃气总量读数/m³	10 min燃气用量/m³	此刻燃气用量/m³	电+气总和气单位/m³	电转化燃气单位/m³	用电量/度	备注
115	11:50	587		12.54	11 266.758 1		16.680 9	18.514 786 22	1.833 886 224	17.972 085	
125	12:00	624		14.21	11 268.805 9		18.728 7	20.722 054 59	1.993 354 592	19.534 875	
139	12:14	683		14.25	11 272.080 5		22.003 3	24.219 910 31	2.216 610 306	21.722 781	
145	12:20	707		14.22	11 273.627 6		23.550 4	25.862 691 33	2.312 291 327	22.660 455	
155	12:30	753		16.54	11 276.238 7		26.161 5	28.633 259 69	2.471 759 694	24.223 245	
165	12:40	794		16.44	11 278.840 5		28.763 3	31.394 528 06	2.631 228 061	25.786 035	
172	12:47	821		17.94	11 281.035 6		30.958 4	33.701 255 92	2.742 855 918	26.879 988	
175	12:50	836		17.94	11 281.838 1		31.760 9	34.551 596 43	2.790 696 429	27.318 825	
185	13:00	888		17.14	11 284.978 7		34.901 5	37.851 664 8	2.950 161 796	28.911 615	
195	13:10	926		17.04	11 287.810 8		37.733 6	40.843 233 16	3.109 633 163	30.474 405	
205	13:20	951		17.13	11 290.708 7		40.631 5	43.900 601 53	3.269 101 531	32.037 195	
215	13:30	974		17.12	11 293.571 1		43.493 9	46.922 469 9	3.428 569 898	33.599 985	

结果:6把炬氧化燃烧达到炉温 940 ℃,节能率 37.8%;节时 145 min,节时率 43%。

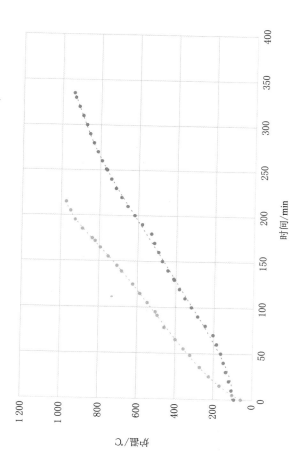

图3-8　青花花瓶烧制窑A炉、B炉氧化期6把炬炉温-时间对比图

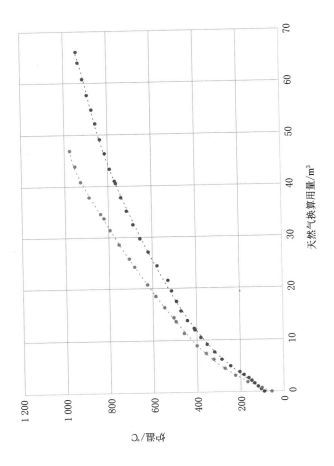

图3-9 青花花瓶烧制备A炉、B炉氧化期6把炬炉温-天然气用量+电用量对比图

表 3-7　日用白胎焙制 A 炉实验数据记录表

实验时间:20210609　　实验人员:贾侠　　实验对象:日用白胎　　时间间隔:10 min

序号	时间	温度/℃	燃气压力/kPa	燃气流量/(m³/h)	燃气总量读数/m³	10 min 燃气用量/m³	此刻燃气用量/m³	备注
0	10:13	48	214.1	1.58	10 168.845 1	0	0	关门
10	10:23	54	213.2	1.55	10 169.128 4	0.283 3	0.283 3	
20	10:33	62	214.3	3.8	10 169.459 1	0.330 7	0.614	
30	10:43	90	214.3	3.8	10 169.980 4	0.521 3	1.135 3	
40	10:53	117	214.3	3.8	10 170.615 7	0.635 3	1.770 6	
50	11:03	140	214.3	3.8	10 171.268 8	0.653 1	2.423 7	
60	11:13	163	213.1	3.77	10 171.929 4	0.660 6	3.084 3	
63	11:16	174	214.2	6.05	10 172.215 0		3.369 9	调大流量
70	11:23	211	214.0	6.04	10 172.809 9	0.880 5	3.964 8	
80	11:33	249	213	6.02	10 173.777 4	0.967 5	4.932 3	
81	11:34	251	213	6.02	10 173.816 5		4.971 4	调节火炬阀门,火焰从黄光变为蓝光
90	11:43	282	214	6.04	10 174.78 4	1.006 6	5.938 9	
100	11:53	310	214	6.05	10 175.819 4	1.035 4	6.974 3	
110	12:03	334	213.8	6.05	10 176.788 2	0.968 8	7.943 1	
120	12:13	360	213.9	6.04	10 177.933 6	0.941 8	9.088 5	
130	12:23	381	214	6.06	10 178.875 4	1.033 3	10.030 3	

表 3-7（续）

序号	时间	温度/℃	燃气压力/kPa	燃气流量/(m³/h)	燃气总量读数/m³	10 min燃气用量/m³	此刻燃气用量/m³	备注
140	12:33	402	214	6.01	10 179.908 7	1.033 3	11.063 6	调大流量·中午吃饭
156	12:49	433	213.1	9.31	10 181.638 4	1.729 7	12.793 3	
166	12:59	475	213	9.33	10 183.136 4	1.498	14.291 3	
176	13:09	505	213	9.31	10 184.594 6	1.458 2	15.749 5	调大流量
186	13:19	539	213	10.61	10 186.186 0	1.591 4	17.340 9	
196	13:29	572	212.1	10.54	10 188.129 0	1.943	19.283 9	
206	13:39	595	213	10.60	10 189.712 3	1.583 3	20.867 2	调大流量
216	13:49	619	212.5	10.60	10 191.582 8	1.870 5	22.737 7	
226	13:59	637	213.3	11.98	10 193.038 9	1.456 1	24.193 8	
237	14:10	677	213.5	12.58	10 195.615 9	2.577	26.770 8	调大流量
247	14:20	705	213.5	12.57	10 197.794 0	2.178 1	28.948 9	
257	14:30	727	212.4	12.51	10 199.757 4	1.963 4	30.912 3	
267	14:40	747	213.3	12.57	10 201.855 6	2.098 2	33.010 5	
270	14:43	757	213.5	13.48	10 202.792 0		33.946 9	调大流量
277	14:50	773	213.5	13.49	10 204.259 0	2.403 4	35.413 9	
287	15:00	792	213.4	13.49	10 206.394 0	2.135	37.548 9	
297	15:10	812	213.2	13.45	10 208.549 6	2.155 6	39.704 5	
307	15:20	832	211.9	14.20	10 210.949 6	2.4	42.104 5	调大流量

表3-7(续)

序号	时间	温度/℃	燃气压力/kPa	燃气流量/(m³/h)	燃气总量读数/m³	10 min燃气用量/m³	此刻燃气用量/m³	备注
317	15:30	847	212.9	14.70	10 213.424 0	2.474 4	44.578 9	
327	15:40	863	211.8	14.61	10 215.914 5	2.490 5	47.069 4	
337	15:50	879	212.8	15.17	10 218.432 0	2.517 5	49.586 9	调大流量
347	16:00	894	212.9	15.18	10 221.080 5	2.648 5	52.235 4	
361	16:14	910	212.9	15.15	10 224.509 6		55.664 5	
367	16:20	918	212.8	15.17	10 226.156 4		57.028	
369	16:22	920	212.8	15.88	10 226.394 4	2.540 6	57.549 3	调大流量
377	16:30	932	212.6	15.88	10 228.697 0	2.685	59.851 9	
387	16:40	946	212.5	15.86	10 231.382 0		62.536 9	
392	16:45	952	212.5	16.64	10 232.367 2	63.522 1	调大流量	
397	16:50	960	212.4	16.65	10 234.037 5	2.655 5	65.192 4	
407	17:00	974	212.4	16.65	10 236.876 9	2.839 4	68.031 8	
413	17:06	977	212.4	12.30	10 238.214 9		69.369 8	调小流量
417	17:10	973	212.5	12.29	10 239.400 6		70.555 5	
424	17:17	973	212.5	13.52	10 240.661 7	2.523 7	71.816 6	调大流量
427	17:20	976	212.3	13.50	10 241.187 9	1.787 3	72.342 8	7:07

表 3-8　日用白胎烧制 B 炉实验数据记录表

实验时间:20210624　实验人员:贾侠　实验对象:日用白胎　时间间隔:10 min　6把炬　209个胚

序号	时间	温度/℃	燃气流量/m³·h	燃气总量读数/m³	此刻燃气用量/m³	燃气+电气单位/m³	电转化气单位/m³	等离子+风机用电/度	等离子炬用电/度	用电量/度	备注
0	10:28	71	4.89	11 371.627 7	0	0	0	0	0	229.3	等离子打开·小敢 风机打开 220 V
2	10:30	80	4.89	11 371.833	0.205 3	0.236 976 122	0.031 676 122	0.310 426	0.310 426		
12	10:40	163	4.88	11 372.607 3	0.979 6	1.169 656 735	0.190 056 735	1.862 556	1.862 556		
22	10:50	223	4.82	11 373.436 2	1.808 5	2.156 937 347	0.348 437 347	3.414 686	3.414 686		
27	10:55	247	6.31	11 373.849 2	2.221 5	2.649 127 653	0.427 627 653	4.190 751	4.190 751		
32	11:00	278	6.31	11 374.363 5	2.735 8	3.242 617 959	0.506 817 959	4.966 816	4.966 816		
42	11:10	330	6.30	11 374.417 2	2.789 5	3.454 698 571	0.665 198 571	6.518 946	6.518 946		
52	11:20	374	6.29	11 376.579 4	4.951 7	5.775 279 184	0.823 579 184	8.071 076	8.071 076		
55	11:23	387	9.71	11 376.848 8	5.221 1	6.092 193 367	0.871 093 367	8.536 715	8.536 715		
62	11:30	451	9.69	11 377.957 5	6.329 8	7.311 759 796	0.981 959 796	9.623 206	9.623 206		
72	11:40	528	11.47	11 379.726 6	8.098 9	9.239 240 408	1.140 340 408	11.175 336	11.175 336		
82	11:50	590	11.49	11 381.745 7	10.118	11.416 721 02	1.298 721 02	12.727 466	12.727 466		

表 3-8(续)

序号	时间	温度/℃	燃气流量/m³/h	燃气总量读数/m³	此刻燃气用量/m³	燃气+电气单位/m³	电转化气单位/m³	等离子+风机用电/度	等离子炬用电/度	用电量/度	备注
92	12:00	637	13.38	11 383.599 4	11.971 7	13.428 801 63	1.457 101 633	14.279 596	14.279 596		
102	12:10	696	13.36	11 385.851 0	14.223 3	15.838 782 24	1.615 482 245	15.831 726	15.831 726		
112	12:20	743	15.21	11 388.156 4	16.528 7	18.302 562 86	1.773 862 857	17.383 856	17.383 856		
122	12:30	798	15.29	11 390.684 2	19.056 5	20.988 743 47	1.932 243 469	18.935 986	18.935 986		
132	12:40	839	15.26	11 393.287 0	21.659 3	23.749 92 408	2.090 624 082	20.488 116	20.488 116		
142	12:50	874	15.22	11 395.761 1	24.133 4	26.382 404 69	2.249 004 694	22.040 246	22.040 246	0	2.2 kW 鼓风机半开
152	13:00	902	16.24	11 398.687 7	27.06	29.504 800 27	2.444 800 272	23.959 042 67	23.592 376	10	
162	13:10	929	16.15	11 401.135 2	29.507 5	32.148 095 85	2.640 595 85	25.877 839 33	25.144 506	20	
166	13:14	942	17.29	11 402.330 6	30.702 9	33.421 814 08	2.718 9 140 82	26.645 358	25.765 358	24	
172	13:20	965	17.20	11 404.058 1	32.430 4	35.266 791 43	2.836 391 429	27.796 636	26.696 636	30	
182	13:30	996	17.28	11 406.777 6	35.149 9	38.182 087 01	3.0321 870 07	29.715 432 67	28.248 766	40	
192	13:40	1 027	17.15	11 409.591 8	37.964 1	41.192 082 59	3.227 982 585	31.634 229 33	29.800 896	50	
195	13:43	1 026	17.15	11 410.614 4	38.986 7	42.273 421 26	3.286 721 259	32.209 868 33	30.266 535	53	
202	13:50	1 045	17.15	11 412.510 8	40.883 1	44.306 878 16	3.423 778 163	33.553 026	31.353 026	60	−167.647

结果:6 把炬氧化燃烧达到炉温 976 ℃，节能率 49%；节时 250 min，节时率 55%

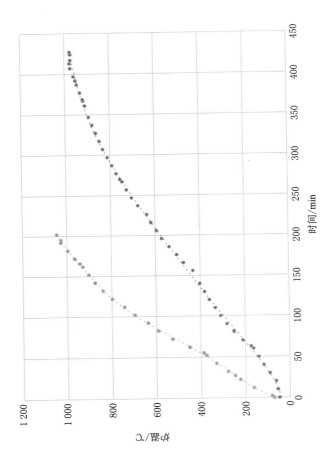

图3-10 日用白胎烧制窑A炉、B炉氧化期6把炬炉温-时间对比图

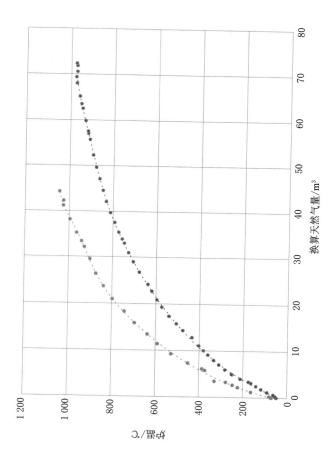

图3-11　日用白胎瓷制窑A炉、B炉氧化期6把把炬炉温－天然气用量＋电用量对比图

表 3-9 颜色釉（朗红）烧制 A 炉实验数据记录表

实验时间:20210612　　实验人员:贾侠　　实验对象:颜色釉　　时间间隔:10 min

序号	时间	温度/℃	燃气压力/kPa	燃气流量/(m³/h)	燃气总量读数/m³	10 min 燃气用量/m³	此刻燃气用量/m³	备注
0	11:40	160	21.38	2.16	10 561.559 2	0	0	关门
10	11:50	165	21.38	2.1	10 561.895 9	0.336 7	0.336 7	
20	12:00	170	21.38	2.09	10 562.232 7	0.336 8	0.673 5	
30	12:10	178	214.2	2.1	10 562.598 1	0.365 4	1.038 9	
40	12:20	186	214.2	2.1	10 562.931 4	0.333 3	1.372 2	除湿结束
50	12:30	195	213.4	2.08	10 563.291 8	0.360 4	1.732 6	火枪加大·流量调大·开始氧化
60	12:40	242	213.4	5.37	10 564.154 0	0.862 2	2.594 8	
70	12:50	271	213.7	5.38	10 565.001 9	0.847 9	3.442 7	
80	13:00	292	213.2	5.37	10 565.928 6	0.926 7	4.369 4	
90	13:10	312	213.1	5.36	10 566.858 5	0.929 9	5.299 3	
100	13:20	335	212.5	5.35	10 567.732 4	0.873 9	6.173 2	
110	13:30	350	213.2	8.34	10 568.603 0	0.870 6	7.043 8	流量调大
120	13:40	419	213.2	9.74	10 570.114 5	1.511 5	8.555 3	
130	13:50	464	212.0	9.66	10 571.682 7	1.568 2	10.123 5	
140	14:00	501	213.0	9.72	10 573.345 8	1.663 1	11.786 6	
150	14:10	539	213.1	9.71	10 575.171 5	1.825 7	13.612 3	
160	14:20	566	213.1	9.77	10 576.662 4	1.490 9	15.103 2	流量调大
166	14:26	586	213.1	12.19	10 577.909 7	16.350 5		

表 3-9（续）

序号	时间	温度/℃	燃气压力/kPa	燃气流量/(m³/h)	燃气总量读数/m³	10 min 燃气用量/m³	此刻燃气用量/m³	备注
170	14:30	599	213.5	12.21	10 578.329 8	1.667 4	16.770 6	
180	14:40	629	213.3	12.15	10 580.471 0	2.141 2	18.911 8	
190	14:50	657	213.3	14.47	10 582.428 9	1.957 9	20.869 7	流量调大
200	15:00	696	212.3	14.39	10 584.864 1	2.435 2	23.304 9	
210	15:10	722	213.3	14.45	10 587.157 7	2.293 6	25.598 5	
220	15:20	754	213.3	15.44	10 589.857 6	2.699 9	28.298 4	流量调大
230	15:30	778	213.3	15.45	10 592.313 5	2.455 9	30.754 3	
240	15:40	805	213.1	16.94	10 594.955 9	2.642 4	33.396 7	流量调大
250	15:50	826	213	16.93	10 597.664	2.708 1	36.104 8	
260	16:00	848	213	16.91	10 600.591 7	2.927 7	39.032 5	
270	16:10	867	213.4	16.95	10 603.245 1	2.653 4	41.685 9	
280	16:20	887	212.9	17.55	10 606.230 7	2.985 6	44.671 5	
290	16:30	905	212.9	17.55	10 609.183 8	2.953 1	47.624 6	
300	16:40	921	212.6	17.56	10 612.130 0	2.946 2	50.570 8	
310	16:50	936	212.5	18.08	10 615.078 1	2.948 1	53.518 9	
320	17:00	950	212.5	18.07	10 618.209 9	3.131 8	56.650 7	
330	17:10	959	212.3	12.52	10 621.217 0	3.007 1	59.657 8	保温·流量调小

表 3-10　颜色釉（朗红）烧制 B 炉实验数据记录表

实验时间:20210625　实验人员:贾侠　实验对象:颜色釉　时间间隔:10 min　6 把柜　214 个胚

序号	时间	温度/℃	燃气流量/(m³/h)	燃气总量读数/m³	此刻燃气用量/m³	电+气				备注
0	10:03	99	2.68	11 483.508 9	0	0	0	0	269.8	小鼓风机
7	10:10	120	2.63	11 483.835 8	0.326 9	0.344 141 429	0.017 241 429	0.168 966		
17	10:20	196	5.77	11 484.563 4	1.054 5	1.096 372 041	0.041 872 041	0.410 346		
29	10:32	290	7.08	11 485.866 7	2.357 8	2.429 228 776	0.071 428 776	0.700 002	0	开等离子
37	10:40	337	7.04	11 486.845 2	3.336 3	3.536 064 898	0.199 764 898	1.957 696	1.257 696	
47	10:50	382	7.04	11 487.555 5	4.446 6	4.806 785 306	0.360 185 306	3.529 816	2.829 816	
57	11:00	421	7.05	11 489.118 5	5.609 6	6.130 205 714	0.520 605 714	5.101 936	4.401 936	
67	11:10	457	7.06	11 490.308 0	6.799 1	7.480 126 122	0.681 026 122	6.674 056	5.974 056	
77	11:20	485	7.03	11 491.477 6	7.968 7	8.810 146 531	0.8414 465 31	8.246 176	7.546 176	
87	11:30	517	7.05	11 492.686 2	9.177 3	10.179 166 94	1.001 866 939	9.818 296	9.118 296	
97	11:40	542	7.04	11 493.808 2	10.299 3	11.461 587 35	1.162 287 347	11.390 416	10.690 416	
107	11:50	565	7.04	11 495.107 3	11.598 4	12.921 107 76	1.322 707 755	12.962 536	12.262 536	
123	12:06	596	7.03	11 496.989 6	13.480 7	15.060 080 41	1.579 380 408	15.477 928	14.777 928	

表 3-10（续）

序号	时间	温度/℃	燃气流量/(m³/h)	燃气总量读数/m³	此刻燃气用量/m³	电+气				备注
130	12:13	606	7.03	11 497.719 4	14.210 5	15.902 174 69	1.691 674 694	16.578 412	15.878 412	
137	12:20	631	8.98	11 498.646 8	15.137 9	16.941 868 98	1.803 968 98	17.678 896	16.978 896	
138	12:21	635	11.41	11 498.760 2	15.251 3	17.071 311 02	1.820 011 02	17.836 108	17.136 108	
147	12:30	695	11.41	11 500.687 3	17.178 4	19.142 789 39	1.964 389 388	19.251 016	18.551 016	
157	12:40	730	11.33	11 502.547 8	19.038 9	21.163 709 8	2.124 809 796	20.823 136	20.123 136	
167	12:50	771	13.05	11 504.571 1	21.062 2	23.347 430 2	2.285 230 204	22.395 256	21.695 256	
177	13:00	804	13.06	11 506.633 3	23.124 4	25.570 050 61	2.445 650 612	23.967 376	23.267 376	
187	13:10	865	15.88	11 509.263 1	25.754 2	28.360 271 02	2.606 071 02	25.539 496	24.839 496	
197	13:20	910	17.46	11 512.001 7	28.492 8	31.259 291 43	2.766 491 429	27.111 616	26.411 616	
207	13:30	956	17.44	11 515.200 7	31.691 8	34.618 711 84	2.926 911 837	28.683 736	27.983 736	
217	13:40	988	17.43	11 517.762 9	34.254	37.341 332 24	3.087 332 245	30.255 856	29.555 856	
227	13:50	998	13.98	11 520.270 3	36.761 4	40.009 152 65	3.247 752 653	31.827 976	31.127 976	
237	14:00	1012	15.15	11 522.873 4	39.364 5	42.772 673 06	3.408 173 061	33.400 096	32.700 096	保温

结果：6 把炬氧化燃烧达到炉温 959°C，节能率 41.6%；节时 130 min，节时率 39%。

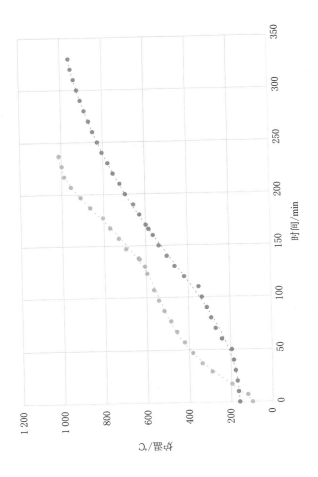

图3-12 颜色释（朗红）烧制窑A炉、B炉氧化期6把炬炉温-时间对比图

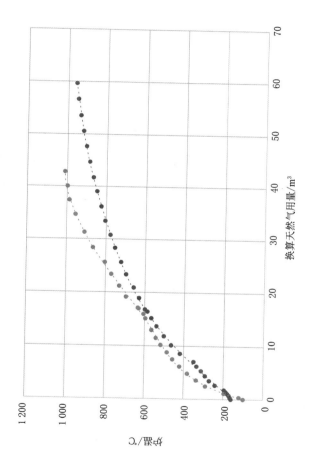

图3-13　颜色释（朗红）烧制釜A炉、B炉氧化期6把炬炉温-天然气用量+电用量对比图

　　分析上述 10 炉对比实验数据,在 3.8 m³ 艺术品陶瓷窑烧制过程中,由于烧制工艺要求,不允许设备全功率运行,采用领航国创等离子体复合炬 6/8 把燃气炬替换原有的 14 把自吸式燃气炬,基本上可以实现:节能减排率 31%～49%,节约工时 25%～55%。这出现了天然气燃烧"超化学热值"现象。如果将节约工时考虑进去,那么设备节能减排率可能更高。

　　特别要说明的是:上面测试的只是"有用功"结果,如果再加上散失的"无用功",是不是复合燃烧释放的能量比燃气的化学热值会更高呢? 其结果显然是不言而喻的。

3.2　质检单位现场认证结果

　　在上述陶瓷窑炉实烧过程中,国家智能制造装备产品质量监督检测中心(浙江)工作人员全程参与,并出具权威检验报告。该检验报告全文见附录。

　　根据该检验报告中实测数据,节约天然气达到 $\dfrac{49.1-\left(32.7+\dfrac{11.3}{10}\right)}{49.1}=$ 31.1%。

3.3　天然气等离子体复合燃烧释放能量计算

　　根据前人研究,D-D 聚变反应有下述两个反应式。为了方便,下面仅按照式(3-1)所示的第一个反应进行简单计算,以此说明复合燃烧的"超化学热值"现象的机理。

$$_{1}^{2}H + _{1}^{2}H \rightarrow _{2}^{3}He(0.82\ MeV) + n + 2.45\ MeV \tag{3-1}$$

$$_{1}^{2}H + _{1}^{2}H \rightarrow _{1}^{3}H(1.01\ MeV) + p^{+} + 3.02\ MeV \tag{3-2}$$

式(3-1)反应的质量场亏损 Δm 为:

　　$\Delta m = 2m_D - m_{He} - m_n = 0.003\ 5\ u(1\ u = 931.5\ MeV/c^2)$

氘核质量 $m_D = 2.013\ 6\ u$,氦核质量 $m_{He} = 3.015\ 0\ u$,中子质量 $m_n = 1.008\ 7\ u$。

　　由质能方程 $\Delta E = \Delta m \cdot c^2$ 计算得出:

$\Delta E = \Delta m \cdot c^2 = 0.003\ 5\ u \times c^2 = 0.003\ 5 \times 931.5\ MeV/c^2 \times c^2$

$=0.003\,5\times931.5\ \text{MeV}=3.26\ \text{MeV}=5.216\times10^{-13}\ \text{J}(1\ \text{eV}=1.6\times10^{-19}\ \text{J})$

若设定天然气中 CH_4 纯度是 100%，则 $1\ \text{Nm}^3$ 天然气中有 $44.64\ \text{mol}$ CH_4。在等离子体弧加持下，CH_4 全分解且完全等离子体化。CH_4 分解化学式如下：

$$CH_4 \rightarrow C + 4H$$
$$44.64\ \text{mol} \quad 44.64\times4\ \text{mol}$$

则 $1\ \text{Nm}^3$ 天然气中有 $44.64\times4\times6.02\times10^{23}=1.07\times10^{26}$ 个氢原子。按照天然气中 D 的丰度 $U_D=141.8\times10^{-6}$（约 $1/7\,000$）计算，则 $1\ \text{Nm}^3$ 天然气中有 D 原子 $1.07\times10^{26}\times141.8\times10^{-6}=1.52\times10^{22}$ 个。

显然，如果 $1\ \text{Nm}^3$ 天然气中有 1% 的 D 原子发生了核聚变，就会释放热能 $39.64\ \text{MJ}$。其反应式和释放热能计算过程如下：

$$2D \rightarrow 5.216\times10^{-13}\ \text{J}$$
$$1.52\times10^{22}\times1\%\times\frac{5.216\times10^{-13}}{2}=39.64\,(\text{MJ})$$

注意：$1\ \text{Nm}^3$ 天然气的低位热值为 $36\sim40\ \text{MJ}$。

3.4　讨论与分析

通过上述计算，做以下讨论与分析。

（1）假如 $1\ \text{Nm}^3$ 天然气中有 1% 的 D 原子发生了核聚变，那么会释放热能 $39.64\times1\ \text{MJ}$。

（2）假如天然气中有 2% 的 D 原子发生了核聚变，那么会释放热能 $39.64\times2\ \text{MJ}$。

（3）假如天然气中有 3% 的 D 原子发生了核聚变，那么会释放热能 $39.64\times3\ \text{MJ}$。

$$\vdots$$

（10）假如天然气中有 10% 的 D 原子发生了核聚变，那么会释放热能 $39.64\times10\ \text{MJ}$。

目前使用的等离子体设备功率约为燃气功率的 2.5%。如果加大等离子体设备功率，那么会出现什么现象呢，是否有"等离子体设备复合功率""瓶颈"的出现呢？

这些问题都值得继续深入持久地进行分析和研究。

第4章 温核聚变光核反应等离子体复合燃烧炬实验室初步判定

针对在工程应用中出现的天然气复合燃烧等离子体炬的"超热值"现象，怀疑在天然气复合燃烧火焰过程中，伴生有核反应。2021年08月06日，在实验室里，进行滑动等离子体弧及等离子体复合燃烧火焰中γ射线等半定量探索性测定实验。

4.1 实验主要仪器与装置

4.1.1 丙烷等离子体复合炬和等离子体弧发生器

75 kW燃气等离子体复合炬和1.75 kW滑动离子体弧发生器（见图4-1）及其等离子体电源均由领航国创等离子技术研究院自行研制。

图 4-1 燃气等离子体复合炬和滑动等离子体弧发生器

4.1.2　盖格-米勒计数仪

盖格-米勒计数仪(见图 4-2)主要由中空金属圆柱体 c 及金属导线 w 所组成。

盖格-米勒计数仪工作原理如下：w 与 c 电绝缘且与其轴平行。c 内装有压强约 50 托的低压氩气。施加适量的电位差到 c 与 w 间，使得 w 处于比 c 高的电位，但其电位仍不足以使氩气放电。此时若有粒子或其他射线由"很薄的视窗 a"进入，则会使圆柱筒内的氩气离子化，游离出的电子将被带正电的导线 w 所吸引。

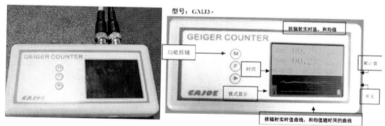

图 4-2　GMJ3 手持式盖格-米勒计数仪

当电子向着 w 加速时，电子会与其他氩原子碰撞并击出更多的电子，如此依序产生更多的电子流向 w 移动，并产生一极短的脉冲电流。该脉冲电流再经由适当的放大装置 g 放大，可产生熟悉的嗒嗒声，或推动计数器运行而精算出进入 c 内辐射粒子的数目。

盖格-米勒计数仪可以正常使用在复杂的电磁辐射环境中。其探测管越大，其灵敏度越高。

GMJ3 手持盖格-米勒计数仪主要参数见表 4-1。

表 4-1　GMJ3 手持式盖格-米勒计数仪主要参数

探测管	外置能量补偿型真空管
累计计量量程	$0\sim9\,999$ mSV
强度计量量程	$0\sim9\,999$ mSV/h
相对误差	2.5%
能量响应范围	48 keV$\sim$3.0 MeV
灵敏度	1.5 cps/(μSV/h)
使用温度范围	$-10\sim15$ ℃
质量	240 g
适用范围	探测 α、β、γ 射线

实验采用 GMJ3 手持式盖格-米勒计数仪来探测 α、β、γ 射线。该计数仪具有外置长度 220 mm、直径 26 mm 的玻璃外壳能量补偿型盖格-米勒真空管。

4.2　实验主要原料

燃料:丙烷；辅助燃烧气体:空气。

4.3　实验过程与结果

4.3.1　丙烷燃烧焰柱射线辐射测试过程与结果

将丙烷燃气通入 75 kW 氧(空气)焰等离子体复合炬。点火后,丙烷伴随等离子体弧燃烧。将 GMJ3 盖格-米勒计数仪的超大探测管靠近火焰柱径向约 10 cm 处,打开该计数仪电源进行探测。该计数仪显示屏上显示测试的辐射射线量读数。丙烷燃烧火焰辐射射线检测实况见图 4-3。

测试结果:辐射射线实时检测值为 0.02 μSV/h。

分析:检测出射线的释放量极低,与一般化石燃料射线的释放量几乎相同,基本可以忽略为"0"。

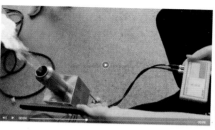

图 4-3　丙烷燃烧火焰辐射射线检测实况

4.3.2　空气＋丙烷等离子体复合燃烧焰柱射线辐射测试过程与结果

　　将丙烷燃气通入 75 kW 氧（空气）焰等离子体复合炬。点火后，等离子体弧伴随燃气复合燃烧。将 GMJ3 盖格-米勒计数仪的超大探测管靠近火焰柱径向约 10 cm 处，打开该计数仪电源进行探测。该计数仪显示屏上显示测试的辐射射线量读数。空气＋丙烷等离子体复合燃烧火焰辅射射线检测实况见图 4-4。

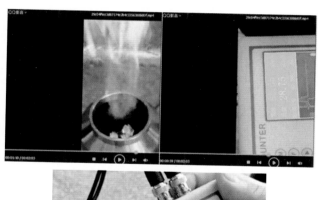
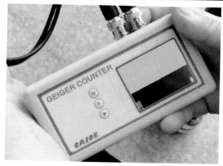

图 4-4　空气＋丙烷等离子体复合燃烧火焰辅射射线检测实况

测试结果:盖格-米勒计数仪显示屏上显示的最高检测出的辐射射线量实时高达 205.1 μSV/h。

分析:空气＋丙烷等离子体复合燃烧火焰射线辐射测试数据非常明显,出现核辐射射线,辐射值是单独空气＋丙烷燃烧火焰的 205.1/0.02＝102 55 倍,这说明有核反应出现。

4.3.3 等离子体弧发生器辐射射线检测过程与结果

上述 4.3.2 中的实验似乎已经颠覆了常规认知。在探测管的黑色热塑套外缠绕 5 层 0.05 mm 厚度的铝箔＋3 层 0.1 mm 厚度的无磁性不锈钢皮,同时将不锈钢皮可靠接地,以专门检测等离子体弧发生器的辐射射线情况。等离子体弧发生器功率为 1.75 kW。

等离子体弧发生器辐射射线检测实况见图 4-5。

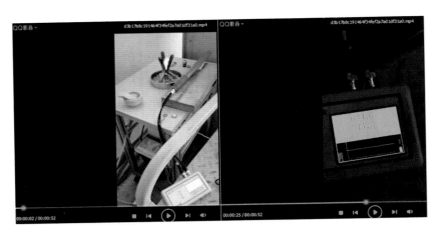

图 4-5　等离子体弧发生器辐射射线检测实况

测试结果:在滑动等离子体弧外径向周边约 15 cm 处,测得辐射射线强度值稳定在 634.6 μSV/h。

分析:至此基本可以确定,空气等离子体弧不仅会发射出红外光、紫外光,还出现了能量和能级更高的放射线,并且这些放射线可以穿透 0.3 mm 以上的不锈钢皮。

4.3.4　等离子体弧发生器辐射射线重复检测过程与结果

在上述 4.3.3 中实验的基础上，首先将盖格-米勒计数仪的探测管，装入 $\phi42$ mm$\times3$ mm 不锈钢管内，在不锈钢管外面再套上 $\phi70$ mm$\times11$ mm 厚壁铝管。然后进行等离子体弧发生器重复辐射射线检测实验。等离子体弧发生器重复辐射射线检测实况见图 4-6。

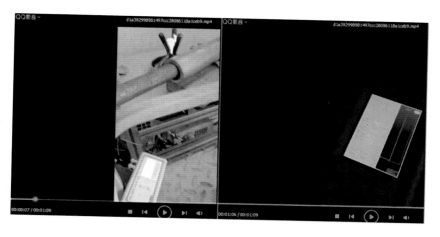

图 4-6　等离子体弧发生器重复核辐射射线检测实况

测试结果：在滑动等离子体弧外径向周边约 15 cm 处，测得辐射射线强度值稳定在 575.8 μSV/h。

分析：虽然探测管经过 3 mm 厚不锈钢＋11 mm 厚铝型材的"再次增加阻挡"，但是辐射射线强度仍达 575.8 μSV/h。辐射射线强度仅降低 $(634.6-575.8)/634.6\times100\%=9.3\%$。这说明辐射射线穿透能力极强。

4.3.5　小结

首先可以否认上述实验测出的射线全部为 X 射线；至少可以确认，在这些射线中 X 射线包含较少。其原因是：在 650～6 500 V 电压激励下，电离产生的 X 射线的最大有效能量为 6.5 keV；当 X 射线的有效能量小于等于 33 keV 时，1 mm 的铁板就可以使 X 射线能量衰减大于等于 47.83%；当 X 射线的有效能量小于等于 20 keV 时，1 mm 的铝板就可以使 X 射线能量衰减大于等于 30.9%。

4.4 讨论与分析

4.4.1 α射线

放射性核元素发生衰变时放出 α 粒子,产生 α 射线。α 粒子是一个高速运动的氦原子核。天然放射系列的核元素放出的 α 粒子的能量一般为 4~8 MeV,速度为 $1\times10^6 \sim 2\times10^6$ m/s。

α 粒子带两个单位正电荷,质量数为 4。与电子相比,α 粒子的质量是较重的,所以称 α 粒子为重带电粒子。α 粒子进入物质后主要与核外电子发生作用,使原子产生电离和激发。

在通常情况下,α 射线的穿透能力最差。α 射线在空气中最远只能走几厘米。一薄片云母,一张 0.05 mm 的铝箔,一张普通的纸都能把 α 射线挡住。一般能量的 α 射线都能被人体的皮肤所阻挡,而不会进入人体。

通常,在威尔逊云室里,可以很容易观察到 α 粒子的"粗而短"的运行轨迹。

4.4.2 β射线

在 β 射线衰变过程中,放射性原子核通过发射电子和中微子转变为另一种原子核,其产物中的电子就被称为 β 粒子。在"β^+ 衰变"中,原子核内一个质子 p 转变为一个中子 n,同时释放一个正电子 e^+;在"β^- 衰变"中,原子核内一个中子 n 转变为一个质子 p,同时释放一个负电子 e^-。

β 射线实际上是一种高速运动的电子流。β 粒子带一个单位正电荷或负电荷。β 粒子质量很小,为质子 p 的 1/1 840,为 α 粒子的 1/8 000。β 粒子通过物质时会与物质发生电离、激发、散射和韧致辐射等三种作用。

天然放射系列的核元素放出的 β 粒子的能量为 0~4 MeV,其速度为 $1\times10^7 \sim 2\times10^7$ m/s。鉴于 β 粒子的性质,一般情况下 β 射线的穿透能力比 α 射线的大 100 倍左右,能穿透几毫米厚的铝片。

通常,在威尔逊云室里,可以很容易观察到 β 粒子的"细而长"的运行轨迹。如果在威尔逊云室增设磁场,就可以清楚地发现:e^+ 与 e^- 形状相同而偏转方向相反的运动轨迹。

4.4.3　γ 射线

γ 射线又称为 γ 粒子流。放射性原子核在发生 α 射线衰变、β 射线衰变后产生的新核往往处于高能量级,新核要向低能级跃迁,并辐射出 γ 光子。原子核衰变和核反应均可产生 γ 射线。γ 射线的波长比 X 射线的要短,所以 γ 射线具有比 X 射线强的穿透能力。

波长小于 0.01 Å 的电磁波,是一种波长极短的电磁波,具有波粒两重性。γ 射线首先由法国科学家维拉德发现,是继 α 射线、β 射线后被发现的第三种原子核射线。

γ 射线是频率高于 3×10^{19} Hz 的电磁波光子。γ 射线不具有电荷及静质量,因而具有比 α 粒子及 β 粒子弱的电离能力。因此,在威尔逊云室中通常不能直接观测到 γ 射线的运动轨迹。

γ 射线具有极强的穿透能力和带有高能量。γ 射线可被高原子数之原子核(如铅)阻停。γ 射线的穿透能力很强,能穿过几厘米厚的铅板。天然放射性核素系列辐射的 γ 射线能量一般为几十电子伏至几兆电子伏,其速度为 3×10^8 m/s。

当 γ 射线通过物质并与原子相互作用时会产生光电效应、康普顿效应和正负电子对等三种效应。

γ 射线的测量方法,依据获取信号的方式一般可以分为两类:① 测量单个脉冲。从测量的大量脉冲事件中得到有关入射 γ 射线的信息。② 测量累计电流。从平均输出电流中定出入射 γ 射线的强度。第①类使用更为普遍。根据不同的实验目,测量单个脉冲又可分为三种类型:(a) 测量 γ 射线的强度。常用的仪器有盖格-米勒计数器、正比计数器、各种闪烁计数器等。(b) 测量 γ 射线的能谱。典型的仪器以 NaI(Tl)闪烁谱仪与 HPGe 谱仪为代表。(c) 测量时间信息。常用的仪器有有机闪烁探测仪等。对于 γ 射线探测的性能与指标,主要有能量分辨率、探测效率、峰康比、能量线性、晶体形状与大小等。

综上讨论分析,可以看出等离子体弧发生器产生的辐射射线初步判定是高能的 γ 射线。

这与 2017 年日本学者的闪电中产生大量高能 γ 射线,并引发光核反应的结论似乎一致。所不同的是:闪电不可控的,而等离子体弧是可控的。

光致核反应也称为光核吸收。大于一定能量的 γ 光子与物质原子的原子核作用,能发射出粒子,例如(γ,n)反应。但这种相互作用的大小与其他效应相比是小的,所以可以忽略不计。光核吸收的阈能在 5 MeV 或更高,这种过程类似于原子光电效应,但在这一过程中光子为原子核所吸收而不是由围绕核转动的壳层电子,光核吸收一般会引起中子的发射。光核吸收最显著的特点是"巨共振"(Giant Resonance)。光核反应中的巨共振是一种偶极共振,它来自 γ 光子所引起的核的电偶极激发,被称为巨偶极共振(Giant Dipole Resonance,GDR)。对于轻核,吸收截面的中心约在 24 MeV。随着靶核质量数增加,中心能量减小,巨共振峰的位置也随之减小,最重的稳定为 12 MeV,巨共振的宽度(相应于半最大高度截面的能量差)随靶核而变化,为 3~9 MeV。即使是共振峰,光核截面比前面提到的光电截面要小,它对总截面的贡献小于 10%,然而在辐射屏蔽设计中,光核吸收很重要,因为所发射的中子比入射的光子在重核中具有更强的穿透性。

不仅在化石燃料中含有氢同位素 $_1^2D$、碳同位素 $_6^{13}C$ 等,而且等离子体弧发生器产生的高能的 γ 射线存在光核吸收反应的可能性,但光核吸收的阈能在 5 MeV 或更高;在 6 500 V 高频交变电场作用下,还可以引发轻核聚变反应,因为轻核聚变反应几乎在几千电子伏就已经发生;又由于有大量 $_1^1H$ 存在,也有可能引发质子-质子链式反应,见图 4-7。这里存在两个问题:① 在 2.6 节讲述的质子核反应中能产生大于 5 MeV 甚至有大于 10 MeV 高能 γ 射线,这是否又会引起"次生"光核反应呢?② 一般光核反应会有中子生成,如果检测到中子的产生,又怎么判断是"原生"光核反应,还是"次生"光核反应产生的呢?

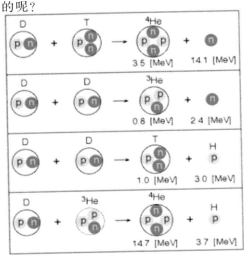

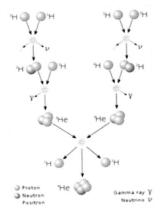

$$_1^1H + _1^1H + e^- \rightarrow _1^2D + 2\gamma + \upsilon + 1.44MeV$$

图 4-7　氘氚/氘氘聚变与质子-质子链式反应

　　因此，对于究竟是哪个反应占据主导地位，仅用上面的简单实验无法准确判定其哪一个核反应机理的，这需要进行更深一步研究。

　　比如，应用更高精密仪器，搭建实验平台，采用能谱辨别、质谱辨别等手段，可以探测出滑动等离子体弧及等离子体复合燃烧火焰中的生成物波长、波峰与能谱，进而比对出"可控温核聚变与光核反应"生成物，确认名称，进而可以确立其放出："超热值"核反应的精准机理。

　　随着"可控温核聚变与光核反应"全新理论的诞生，无疑可以推动我国"碳减排""碳达峰"的早日实现，为人类可控核聚变事业的快速发展，另辟蹊径。减少化石燃料的开采，让已有的化石燃料发挥出其深藏的"内部"能量，尽快造福人类，这是急不可待的大事。

第5章　未来工作与展望

根据前期理论探索与实验实践验证,初步可以认定可控温核聚变与光核反应复合燃烧理论学说的成立,为了将此理论进一步夯实基础,还可以重点深入研究以下内容,进而推动社会快速发展。

(1)能谱、质谱辨别复合燃烧生成物,确立温核聚变与光核反应精准机理。

(2)通过建立新型改进版威尔逊云室,直观或间接协助温核聚变光核反应复合燃烧参数。

(3)通过建立量热平台,进行化石燃料可控温核聚变光核反应复合燃烧参数最终优化。

(4)建立化石燃料等离子体复合燃烧电磁力工程中心,考评核能与化学能复合发电实用性。

(5)新型聚变符合燃烧反应堆发电技术工程化。

(6)大型舰船与宇航飞行复合燃烧发电技术实用化。

附　　录

检 验 报 告
TEST REPORT

报 告 编 号	ZZW20210275
样 品 名 称	领航国创第三代等离子体复合炉设备
委 托 单 位	领航国创等离子技术研究院（北京）有限公司
检 验 类 别	委托检验

 国家智能制造装备产品质量监督检验中心(浙江)

第 1 页 共 7 页

国家智能制造装备产品质量监督检验中心（浙江）

检 验 报 告

报告编号：ZZW20210275

样 品 名 称	领航国创第三代等离子体 复合炉设备	检 验 类 别	委托检验
型 号 规 格	PT-75	标 称 商 标	/
生产日期/批号	2021-05-06	标 称 等 级	/
委托单位（客户）名称	领航国创等离子技术研究 院（北京）有限公司	合 同 编 号	202112319
委托单位（客户）地址	北京市门头沟区门头沟路1 1号院6号楼15层1525	样 品 数 量	1台
标称生产单位或供货单位	领航国创等离子技术研究 院（北京）有限公司	到 样 日 期	2021-06-17
检 验 依 据	GB/T 10066.1-2019 《电热和电磁处理装置的试验方法 第1部分：通用部分》 GB/T 2589-2008 《综合能耗计算通则》		
检 验 项 目	共检 二 项，详见检验结果。		
检 验 结 论	该样品按GB/T 10066.1-2019、GB/T 2589-2008标准和委托方要求检验，所 检项目中 二项的检测结果提供实测值。 签发日期：2021年07月13日		
备 注	/		

批 准： 审 核： 编 制：

第 2 页 共 7 页

国家智能制造装备产品质量监督检验中心（浙江）

检 验 报 告

报告编号：ZZW20210275

样品描述和检验说明

一、　样品描述

该样品无包装，外观完整，ZZW20210275-1 样品外观见照片 1，ZZW20210275-1 样品铭牌见照片 2，ZZW20210275-2 样品外观见照片 3，ZZW20210275-2 样品铭牌见照片 4。

二、　检验日期

2021-06-17～2021-06-18

三、　检验地点

江西省景德镇浮梁县陶瓷智造工坊

四、　检验说明

试验用窑为 3.8 立方米烧制陶瓷窑炉，试验为空载，加热窑炉温度从 100℃至 1000℃；

ZZW20210275-1 试验采用 6 把等离子炬，ZZW20210275-2 试验采用 14 把自吸式燃气炬。

试验流量调节按照陶瓷窑炉烧制工艺的变化。

国家智能制造装备产品质量监督检验中心（浙江）

检 验 报 告

报告编号：ZZW20210275

样品描述和检验说明

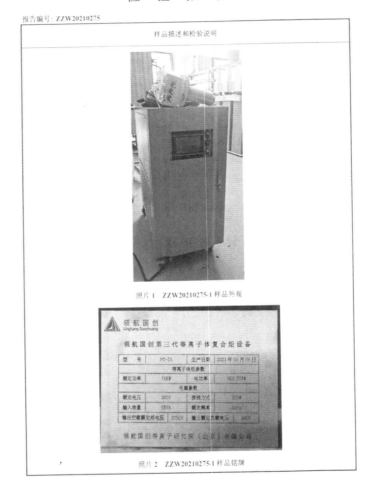

照片 1　ZZW20210275-1 样品外观

照片 2　ZZW20210275-1 样品铭牌

国家智能制造装备产品质量监督检验中心（浙江）

检 验 报 告

报告编号：ZZW20210275

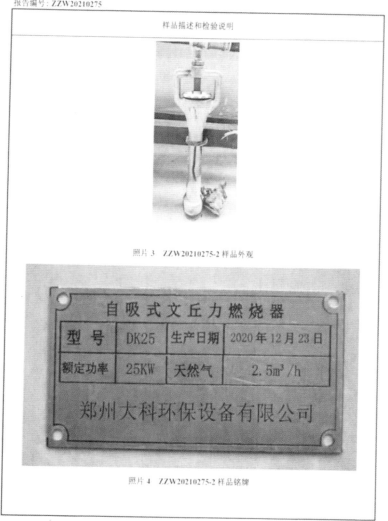

样品描述和检验说明

照片 3　ZZW20210275-2 样品外观

自吸式文丘力燃烧器

型　号	DK25	生产日期	2020 年 12 月 23 日
额定功率	25KW	天然气	2.5m³/h

郑州大科环保设备有限公司

照片 4　ZZW20210275-2 样品铭牌

国家智能制造装备产品质量监督检验中心（浙江）

检 验 报 告

报告编号：ZZW20210275

序号	检验项目	标准（技术）要求	样品编号	检验结果	单项结论
1	时间	温度从500℃至1000℃所需用时，提供实测值	ZZW20210275-1	1h24min	仅提供实测值
		温度从500℃至1000℃所需用时，提供实测值	ZZW20210275-2	1h58min	
2	能耗	加热陶瓷窑炉温度从100℃至1000℃，总能耗，提供实测值	ZZW20210275-1	32.7m³天然气+11.3kW·h	仅提供实测值
		加热陶瓷窑炉温度从100℃至1000℃，总能耗，提供实测值	ZZW20210275-2	49.1m³天然气	

--------------------报告结束--------------------

声 明

1、本报告无主检（编制）、审核、批准等人员签字；或涂改；或未加盖本中心红色"检验检测专用章"（含骑缝章）的无效。

2、未经本中心同意，使用者不得复制（全文复制除外）本报告，不得擅自使用检验结果进行不当宣传。

3、本中心不负责抽样时，样品的真实性、代表性及相关信息由抽样单位或委托方负责。本报告的检验数据和结果仅对送检样品负责。

4、相关方对本报告有异议的，应及时向本中心提出或按照政府行政管理部门相关规定执行。

5、本报告检验结论是根据检验依据仅对所检项目得出，不代表未经检验的项目或功能符合要求。

联系地址：宁波市北仑区长白山路616号（东区、西区）

邮政编码：315800

联系电话：（0574）86818077

邮箱：nbzjy@nbzjy.cn

网址：www.nbzjy.cn

第 7 页 共 7 页

参 考 文 献

［1］Jeffrey Freidberg.等离子体物理与聚变能［M］.王文浩,译.北京:科学出版社,2010.

［2］陈培芝,孙素蓉,王海兴.空气等离子体双温输运性质计算［J］.工程热物理学报,2015,36(5):1067-1070.

［3］丁恩振.超大功率直流等离子体弧 IGBT 逆变电源原理与设计［M］.徐州:中国矿业大学出版社,2013.

［4］丁恩振.等离子体弧熔融裂解——危险废弃物处理前沿技术［M］.北京:中国环境科学出版社,2009.

［5］范光华,肖中尧.塔里木盆地天然气碳、氢同位素成因分类及其分布规律［J］.新疆石油地质,1998,19(2):126-131.

［6］李志刚,徐翔,黄卫,等.光谱诊断辅助水下湿法焊接等离子体成分计算［J］.焊接学报,2020,41(6):37-41.

［7］迈克尔·阿蒂亚.论中子、质子、电子、临界光子和原子核的半径［EB/OL］.(2021-07-21)[2021-12-12].https://www.renrendoc.com/paper/137785079.html

［8］沈平,徐永昌.石油碳、氢同位素组成的研究［J］.沉积学报,1998,16(4):124-127.

［9］孙宏伟.结构化学［M］.北京:高等教育出版社,2016.

［10］孙晓辉,陈健,吴盾,等.淮南煤田张集煤矿煤层中稳定有机碳同位素分布特征［J］.中国煤炭地质,2013,25(4):7-9,14.

［11］王晓锋,刘文汇,刘全友,等.有机体及其沉积演化产物的氢同位素地球化学研究进展［J］.天然气地球科学,2004,15(3):311-315.

［12］吴帆.等离子体法分解 CO2 的反应动力学研究［D］.大连:大连理工大学,2017.

［13］肖军.关于核子之间核力及电力作用的探讨［EB/OL］.(2013-07-08)[2021-12-12].https://www.docin.com/p-675526580.html

［14］张占新,莫文玲,王凤鸣,等.通过计算氢原子的玻尔半径,加深对量子力学的理解通过计算氢原子的玻尔半径［J］.大学物理,2011,30(1):36-37.

［15］甄长荫.近代物理学［M］.北京:北京师范学院出版社,1987.